高校生物实验安全

薛雅蓉 李家璜 华子春 编 著

南京大学出版社

图书在版编目(CIP)数据

高校生物实验安全 / 薛雅蓉，李家璜，华子春编著.
— 南京：南京大学出版社，2022.12
ISBN 978 - 7 - 305 - 26259 - 3

Ⅰ. ①高… Ⅱ. ①薛… ②李… ③华… Ⅲ. ①生物学－
实验－安全技术－高等学校－教学参考资料 Ⅳ.
①Q - 33

中国版本图书馆 CIP 数据核字(2022)第 213386 号

出版发行　南京大学出版社
社　　　址　南京市汉口路 22 号　　　　　邮　编　210093
出 版 人　金鑫荣

书　　　名　**高校生物实验安全**
编　　著　薛雅蓉　李家璜　华子春
责任编辑　甄海龙　　　　　　　　　编辑热线　025 - 83595840

照　　排　南京南琳图文制作有限公司
印　　刷　南京百花彩色印刷广告制作有限责任公司
开　　本　787×960　1/16　印张 8.75　字数 250 千
版　　次　2022 年 12 月第 1 版　2022 年 12 月第 1 次印刷
ISBN 978 - 7 - 305 - 26259 - 3
定　　价　32.00 元

网址：http://www.njupco.com
官方微博：http://weibo.com/njupco
官方微信号：njupress
销售咨询热线：(025) 83594756

《高校生物实验安全》编写人员名单

编　著：

薛雅蓉（南京大学）

李家璜（中国药科大学）

华子春（南京大学）

参　编（以姓氏汉语拼音为序）：

李东旭（南京大学）

李红召（南京大学）

刘常宏（南京大学）

刘新建（南京大学）

庞延军（南京大学）

张　平（江南大学）

仲昭朝（南京大学）

庄　重（南京大学）

朱昱萍（南京大学）

内容简介

　　《高校生物实验安全》分析了高校生物实验涉及的主要安全风险并针对性地给出防范措施。

　　教材主体内容包括七个部分，分别是：第一部分，触目惊心的实验室安全事故；第二部分，防火、灭火与逃生；第三部分，危险化学品安全；第四部分，实验设备器材安全；第五部分，动物实验安全；第六部分，微生物实验室生物安全；第七部分，生物野外实习安全。

　　适合作为综合型大学、师范院校和农林、医学、药学等院校生命科学及相关专业本科生及研究生的安全教育教材。

前　言

高校实验室是实施创新人才培养、科学研究和服务社会的重要基地,实验室安全则是保障师生人身安全、国家财产安全及实验教学与科学研究顺利开展的基础。

习近平总书记多次非常明确、非常强烈、非常坚定地强调安全发展观,并且指出"为之于未有,治之于未乱",要求维护公共安全必须防患于未然。

与生命科学实验室有关的安全概念最早于 20 世纪 50—60 年代提出,受到世界卫生组织(WHO)和各国的高度重视,并为此分别制定了安全技术指南,包括病原微生物实验室分级与分类管理、实验操作技术规范、意外事故应急处理、安全处理感染性材料的操作规范等。欧美知名大学及国内一些高校相继建立了安全培训手册及试题库,为实验室工作人员、学生提供了不同能力等级的分类培训和考题,加强了科技人员安全意识和技能,极大地保护了学生和科研人员的实验安全。

我国生物实验室安全工作相对起步较晚,21 世纪以来才逐渐得到重视。教育部自 2015 年以来连续七年组织开展了高校实验室安全专项检查工作,并针对高校实验室涉及的安全问题,发布了《高等学校实验室安全检查项目表》,从责任体系、规章制度、安全宣传教育、安全检查、实验场所、安全设施、基础安全、化学安全、生物安全、辐射安全与核材料管制、机械安全、特种设备与常规冷热设备等12 个方面明确了安全检查要求,为高校实验室安全管理与检查提供了重要依据,大大促进了高校实验室安全管理工作。

高校实验室安全主要与参与教学活动的教师、教辅工作人员和学生的实验相关活动有关,需要通过培训使相关人员了解安全知识及操作规范,并按照安全操作规范要求进行实验,才可最大限度地避免安全事故的发生。

为了配合生物实验安全教育,本教材针对生物实验涉及的主要安全风险因素,组织相关方面有经验的作者,编写出版了该教材。为拥有生命科学相关学科高校开展实验室安全教育提供较为全面、系统、科学的学习材料,解决高校生命科学教学实验室缺乏专门化、系统化安全教育材料的问题。

本教材为南京大学 2020 年度规划教材,还受到中国高等教育学会高等理科教育研究课题、江苏省高等教育学会江苏高校教学研究工作专项课题、江苏省高校实验室研究会立项资助研究课题的资助,编写过程受到学院有关领导的积极、鼎力支持,还受到来自家人、同事、编辑人员的多方支持,在此一并表示诚挚的感谢!

在教材编写过程中,作者们秉持认真负责的态度,力争做到内容全面、正确,操作方法规范,语言描述清晰而富于逻辑性。但是,由于编写团队的时间、精力和水平所限,不足和失误之处依然在所难免,欢迎广大读者提出宝贵意见,以便本教材能不断完善。

薛雅蓉

2022 年 7 月 16 日

目　录

1 第一部分
触目惊心的实验室安全事故

　　高等学校(简称"高校")实验室是进行实验实践的主要场所,在高校人才培养和和科学研究中起着至关重要的作用。与其他工业过程相比,实验室的学术研究通常被认为是安全风险相对较低的工作。然而,现实情况是,触目惊心的高校实验室安全事故(图1-1)屡有发生,有些甚至是灾难性的。本部分列举2010年以来的部分安全事故案例,初步分析了安全事故类型及发生原因和特点,以期引起高校各方尤其是广大师生的高度重视,加强安全意识,继而通过学习了解高校实验室安全风险及其防范措施,尽可能规避安全风险,防范新的安全事故发生。

图 1-1　实验室事故示例

1.1　安全事故案例

　　2021年10月24日,南京航空航天大学将军路校区一实验室发生爆燃,引发火情。共造成2人死亡,9人受伤。

　　2021年7月27日,中山大学药学院实验室发生爆炸,一博士生手臂动脉当场被刺穿。

　　2021年7月13日,南方科技大学一实验室发生火灾,其中一位实验人员被烧伤。

　　2021年3月31日,中国科学院化学研究所发生反应釜高温高压爆炸事故,一名研究生当场死亡。

2018年12月26日,北京交通大学市政与环境工程实验室进行垃圾渗滤液污水处理科研实验时发生爆燃,事故造成3名参与实验的学生死亡。事后调查组认定,北京交通大学有关人员违规开展试验、冒险作业、违规购买、违法储存危险化学品,对实验室和科研项目安全管理不到位。

2017年3月27日,复旦大学一实验室爆炸,现场一名学生手被炸伤。

2016年9月21日,东华大学化学化工与生物工程学院一实验室发生爆炸,2名学生眼部受重伤,1名学生受轻微擦伤。事后调查发现,受伤学生为研一研究生,3名学生做实验时均未戴护目镜等防护装备,且存在违规操作行为。实验过程中需要用到浓硫酸,还要加热,怀疑系爆炸中硫酸溅到学生身上导致烧伤。

2015年12月18日,清华大学化学系一实验室发生爆炸火灾事故,现场一名正在做实验的博士后当场死亡。

2015年4月5日,中国矿业大学化工学院一实验室发生爆炸事故,导致1名研究生死亡,4人受伤(包括1名外来公司人员截肢)。据了解,出事实验室在实验过程中不幸发生储气钢瓶爆炸。

2013年4月,上海复旦大学上海医学院研究生黄洋遭他人投毒后死亡。犯罪嫌疑人林森浩是受害人黄洋的室友,投毒药品为剧毒化学品N-二甲基亚硝胺。2015年12月11日,林森浩因故意杀人罪被依法执行死刑。

2011年3月31日,青岛四方区郑州路某高校内的化学实验楼一楼的一间实验室突然着起了火,大火很快将里面的仪器烧毁,熊熊火焰从破损的门窗处喷出蔓延到楼上房间,5辆消防车扑救半小时才将大火扑灭。在该实验室的学生怀疑,可能是实验仪器夜间未断电导致起火。

2010年6月21日,宁波大学应用海洋生物技术教育部重点实验室一种质资源保护与良种选育实验室发生大火,原因是学生用电磁炉熔化石蜡时暂时离开。

上述的类似实验室安全事故,国外高校的实验室也时有发生。例如2018年,印度科学研究所马诺吉·库马尔(Manoj Kumar)由于高压氢气罐爆炸而丧生;2016年,西娅·埃尔金斯·科沃德(Thea Elkins Coward)在夏威夷大学的实验室为夏威夷自然能源研究所进行研究时,由于高压气罐的爆炸,失去了一只手臂。2011年,美国耶鲁大学米歇尔·杜福尔特(Michele Dufault)在化学实验室实验时,其马尾被车床钩住,因此丧命。2009年,美国芝加哥大学马尔科姆·卡萨达班(Malcolm Casadaban)死于实验室鼠疫相关细菌的感染。

实验室安全关系个人、高校、家庭乃至全社会的安全稳定,高校实验室的安全问题不容忽视。

1.2　高校实验室安全事故原因分析

实验室安全事故的表现形式主要有：火灾、爆炸、中毒、灼伤、动物咬伤、病原微生物感染、辐照和机电伤人等，诱发原因涉及用电安全、化学品安全、实验设备与器材安全、动物实验安全、微生物实验生物安全等。

1.2.1　火灾与爆炸事故原因

火灾和爆炸是发生频率最高也是危害最大的一类实验室安全事故。主要涉及易燃化学品、电气设备以及人为操作不当或违规使用仪器设备等。

1. 易燃化学品

高校实验室生物与化学实验中常用化学试剂如硫酸、双氧水、盐酸、高氯酸、二硫化碳、乙醛、乙醚、丙酮、苯、乙酸乙酯、甲苯、无水乙醇等。这些物品性质活泼，稳定性差；有的易燃，有的易爆，有的性质抵触相互接触能发生着火或爆炸，因此在使用中，尤其涉及的等强氧化剂等，稍有不慎，就可能酿成火灾事故。危险化学品的不合理储存和两种活性物质的混合，是造成一些事故的主要原因。

2. 电气故障

生物化学实验类别多、操作复杂，一些实验操作周期长，人员及设备长时间持续工作，设备原因是引起安全事故的重要原因之一。

（1）高温、高压、强磁等特殊条件的设备，如气体钢瓶、高压灭菌锅和液氮罐等，存在一定的安全风险。在使用氢气、氧气等易燃、易爆高压气体时，如果操作人员使用不当，可能造成火灾和爆炸等事故。

（2）设备和电气系统的老化

一些实验室常用设备，如不间断电源、冰箱、培养箱、烘箱、高压灭菌锅等，往往需要升温、控温或长期开启。当电气设备发生过载、短路、断线、接点松动、接触不良、绝缘下降等故障时，会产生电热和电火花，引燃周围的可燃物；另外，实验室供电线路老化、超负荷运行或私自改装、乱拉乱接电线电缆等，也都是可能引起火灾的原因。

3. 操作不当或违规使用仪器设备

同学们在实验室常使用酒精灯、酒精喷灯、电烘箱、电炉等加热设备。如果实验的同学没有做好前期准备、操作不熟练或者不听指导擅自操作、违反操作规程等，都有可能引发火灾事故。还有一些事故是实验操作者违规使用电炉、电加热器取暖或违规超时间使用大功率电器设备、酒精灯、电炉等造成的。

1.2.2　实验室中毒事故原因

实验室中毒主要由于化学和生物试剂的使用和管理不当造成的。在生物和化学实验室,经常会接触到甲醇、甲醛、甲酸、二甲苯、过氧化氢、二硫苏糖醇、磷酸、硝酸、盐酸、氯仿、氢氧化钠、丙烯酰胺、溴化乙锭、二甲基亚砜、叠氮钠等试剂。这些药品具有强刺激性、强氧化性或还原性、强腐蚀性以及强神经毒性、致癌性、血管毒性或肝肾毒性。这些试剂通过呼吸道、皮肤和消化道进入人体,将发生中毒现象。

实验室试剂中毒事故原因:

(1) 在实验室进食和饮水,误食被污染的食物,从而引发中毒事故;

(2) 实验设备设施老化,存在故障或缺陷,造成有毒物质泄漏或有毒气体排放不出,酿成中毒事故;

(3) 管理不善,操作不慎或违规操作,未戴手套(或防护不够)处理带腐蚀性的试剂时,配置有毒试剂或挥发性试剂时未在通风橱中操作。实验后有毒物质处理不当,造成有毒物品泄露流失,引起人员中毒、造成环境污染;

(4) 废水排放管路受阻或失修改道,造成有毒废水未经处理而流出,直接引起环境污染。

1.2.3　实验中的灼伤事故原因

灼伤主要发生于实验过程中,强酸、强碱以及一些毒剂等接触皮肤或裸露的局部器官引起人体的局部损伤,如不及时处理往往可能会引起组织器官坏死,留下灼痕。

1.2.4　生物感染事故

生物安全事故的原因:

(1) 生物样本丢失和泄漏;

(2) 生物样本在操作处理过程中处置不当;

(3) 科研人员的保管和操作没有严格遵守生物安全规定和实验室专门的规则和程序。

生物实验材料涉及人体或动物体的体液、组织样本或微生物甚至致病微生物样本,在实验过程中对生物安全操作等级有严格要求。

微生物的实验中,因麻痹大意或不当操作,存在被病原微生物感染人的风险、病原微生物污染环境的风险。

在进行动物实验时,实验所使用的动物没有执行许可证制度,对其携带的微生物和寄生虫、遗传背景和来源没有实行严格控制,实验过程未按照要求遵守章程,都有可能被实验动物咬伤或抓伤,产生严重并发症以及继发细菌感染,或者承担感染一些人畜共患病如狂犬病、出血热、禽流感、布氏杆菌病等的风险。

例如,2010 年 12 月,发生在东北农业大学,致使 27 名学生及 1 名教师感染布氏杆菌病的"羊活体解剖学实验"教学安全事故,其原因就在于:

(1) 实验室在购买山羊时没有经过动物防疫部门的检疫;

(2) 实验室没有做检疫;

(3) 实验操作时,没有严格按照要求穿戴实验服、口罩、手套,导致了事故的发生。

不当的实验操作也是安全事故的重要因素。2003 年 9 月,新加坡国立大学一名 27 岁的研究生,由于不当的实验程序导致西尼罗病毒样本与 SARS 冠状病毒在实验室里交叉感染,感染 SARS 病毒。

样本管理不当是一些生物安全事故发生的原因。例如,2014 年,美国疾病预防控制中心下属位于亚特兰大的实验室出现炭疽细菌泄漏,导致 62 名员工暴露于炭疽气溶胶污染环境,这是近年来美国实验室涉及潜在生物恐怖剂的最大事故。

1.2.5 辐照与机电伤人

这类事故主要由未按照操作规程安全使用设备引起的。

辐照事故通常是由于未能安全使用产生电离辐射仪器或是在进行生物同位素实验(涉及放射性物质)时未能严格遵守实验安全规则造成的。

机电伤人多发生在具有高速旋转或冲击运动机械设备的实验室,或要带电作业的电气实验室。

机电伤人发生的原因:

(1) 操作不当或缺少防护,造成挤压、甩脱和碰撞伤人;

(2) 违反操作规程或因设备设施老化而存在故障和缺陷,造成漏电触电和电弧火花伤人;

(3) 使用不当造成高温气体、液体对人的伤害。

需要引起重视的是,人的不安全行为是上述实验安全事故的最主要原因。高校实验室及研究院所承担的实验教学和科学研究任务,长期处于实验状态可能让实验操作者(尤其学生)的安全意识逐渐淡薄,忽视可能存在安全隐患的实验状态。造成安全事故的人为原因主要包括:

（1）违反操作规程；

（2）操作不慎；

（3）操作失误。

违反操作规程是大多数实验室事故的主要原因，包括实验人员在实验期间擅自离开，在对样品和实验原理不了解的前提下盲目操作、未穿实验服、未开通风设备等。学生在实验过程中没有养成良好的操作习惯，不能正确使用实验仪器，容易因仪器使用不规范、违反操作规程、操作不慎或失误导致安全事故。此外，大学生在实验过程中，处理突发状况的应急能力和经验不足，也是安全风险的因素之一。实验室管理不当，例如实验室仪器设备检查、维修不及时，都可能导致安全事故的发生。

因此，人为干预对于控制实验室中的风险至关重要。

1.3　高校实验室安全事故特点

高校实验室由于教学和科研工作内容的丰富性与复杂性，设备、试剂多样，摆放集中（图1-2），人员进出频繁，人数多，导致所产生的安全事故具有如下特点：

1）引发原因多，防范及扑灭难度大。

以生物实验室为例，实验类型涵盖分子生物学、细胞学、病理学、动物模型建立、样品分离、化学和生物分析检测及等多方面，研究方向不一，专业分类复杂，因而拥有的危险化学品和生物安全制剂种类繁多。

另外，高校实验室受场地制约大，实验进出人员覆盖本科、研究生、教职员工、外来人员等，知识技术和安全意识相差较大，易引发事故。

2）人员伤害及社会影响大。高校实验室事故，发生在学生集中的校园，通常人口密集。火灾或危险化学品的释放，对人身伤害的潜力相对较大，易造成较大范围的人员伤害，也易引发社会关注。

3）学术成果损失。高校科研实验室如发生事故，易造成学术成果的损失。

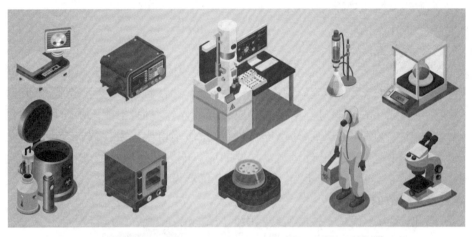

图 1 - 2　实验室展示

　　触目惊心的实验室安全事故为我们敲响了安全管理与教育的警钟,总而言之,高校相关管理人员和师生应切实以安全事故案例为警示,确保教学科研过程的实验安全。

参考文献：

闵芳.实验室安全防护小知识，你记住了吗[J].生命与灾害.2021,(11):16-19.

宗禾,陈起峥.实验室防火防爆安全须知.中国消防[J].2021,(11):72-73.

Mingqi Bai，Yi Liu，Meng Qi，Nitin Roy，Chi-Min Shu，Faisal Khan，Dongfeng Zhao. Current status, challenges, and future directions of university laboratory safety in China[J]. Journal of Loss Prevention in the Process Industries. 2022，74：104671.

Dana Ménardand John F. Trant. A review and critique of academic lab safety research. Nature Chemistry[J]. 2020，12：17-25.

唐秋琳,黄强,黄鹏,毕锋.高校生物医学实验室安全管理与教育探索[J].实验技术与管理. 2018,35(1):277-280.

王岩,张志勇,张迎颖,周庆.100起实验室安全事故分析与建议[J].实验室科学.2021,24 (6):221-230.

董继业,马参国,傅贵,杜昌昵.高校实验室安全事故行为原因分析及解决对策.实验技术与管理[J].2016,33(10):258-261.

李云龙.高校生物化学与分子生物学科研实验室安全管理研究[J].广东化工.2021,18(48): 283-284.

甘圣义,文方林,聂冬梅,甘圣仙.2010—2019年国内高校及研究院所实验室涉化类消防安全事故原因分析及对策研究[J].科技与创新.2021,7:32-36.

2 第二部分
防火、灭火与逃生

火灾事故发生普遍、频率高、危害性大,各类实验室均应严加防范。

2.1 实验室火灾原因及防火要求

2.1.1 实验室的火灾原因

引起生物教学实验室火灾的原因主要有:

1) 易燃化学品起火。常用的如二硫化碳、汽油、乙醛、乙醚、丙酮、苯、乙酸乙酯、甲苯、无水乙醇、工业酒精、二甲苯、原油、煤油、红(赤)磷、硫粉、镁条、铝粉、黄(白)磷、钾、钠、碳化钙(电石)等。

2) 供电线路老化、超负荷运行或私自改装、乱拉乱接电线电缆。

3) 违规使用电炉、电加热器取暖和实验工作以外的其他用电。

4) 违规超时间使用大功率电器设备、酒精灯、电炉等。

5) 乱扔烟头引燃易燃物质。

6) 燃烧反应等实验中违反操作规程引燃易燃物质。

7) 易燃易爆化学品储存、使用、处置不当引发泄漏爆炸。

2.1.2 实验室防火要求

2.1.2.1 技防

1. 实验室建设和装修应符合消防安全要求。

(1) 实验操作台应选用合格的防火、耐腐蚀材料;

(2) 仪器设备安装符合建筑物承重载荷;

(3) 有可燃气体的实验室不设吊顶;

(4) 不用的配电箱、插座、水管水龙头、网线、气体管路等,应及时拆除或封闭;

(5) 实验室门上有观察窗,外开门不阻挡逃生路径。

2. 实验室水、电、气管线布局合理,安装施工规范。

(1) 采用管道供气的实验室,输气管道及阀门无漏气现象,并有明确标识,供气管道有名称和气体流向标识,无破损;

(2) 高温、明火设备放置位置与气体管道有安全间隔距离。

3. 必须在便于取用的醒目位置存放一定数量的消防器材。

包括:烟感报警器、灭火器、灭火毯、消防沙、消防喷淋等。要求应正常有效、方便取用;灭火器种类配置正确,且在有效期内(压力指针位置正常等),安全销(拉针)正常,瓶身无破损、腐蚀。

4. 紧急逃生疏散路线通畅。

(1) 在显著位置张贴有紧急逃生疏散路线图,疏散路线图的逃生路线应有二条(含)以上,路线与现场情况符合;

(2) 主要逃生路径(室内、楼梯、通道和出口处)有足够的紧急照明灯,功能正常,并设置有效标识指示逃生方向;

(3) 人员应熟悉紧急疏散路线及火场逃生注意事项(现场调查人员熟悉程度)。

5. 存在燃烧风险的实验区域,需配置应急喷淋,并在设置所在区域有显著标识。

(1) 应急喷淋安装地点与工作区域之间畅通,距离不超过 30 米;

(2) 应急喷淋安装位置合适,拉杆位置合适、方向正确;

(3) 应急喷淋装置水管总阀为常开状,喷淋头下方无障碍物。

6. 实验室用电安全应符合国家标准(导则)和行业标准

(1) 实验室电容量、插头插座与用电设备功率需匹配,不得私自改装;

(2) 电源插座须有效固定;

(3) 电气设备应配备空气开关和漏电保护器;

(4) 不私自乱拉乱接电线电缆,禁止多个接线板串接供电,接线板不宜直接置于地面;

(5) 禁止使用老化的线缆、花线、木质配电板、有破损的接线板,电线接头绝缘可靠,无裸露连接线,穿越通道的线缆应有盖板或护套,不使用老国标接线板;

(6) 大功率仪器(包括空调等)使用专用插座(不可使用接线板);

(7) 电器长期不用时,应切断电源;

(8) 配电箱前不应有物品遮挡并便于操作,周围不应放置烘箱、电炉、易燃易爆气瓶、废液桶等;

(9) 配电箱的金属箱体应与箱内保护零线或保护地线可靠连接。

7. 实验室易燃易爆性化学品的存放应符合规定要求。

(1) 总量不应超过 50 公升或 50 千克,且单一包装容器不应大于 20 公升或 20 千克(按 50 平方米为标准,存放量以实验室面积比考量);

(2) 单个实验装置存在 10 公升以上甲类物质储罐,或 20 公升以上乙类物质储罐,或 50 公升以上丙类物质储罐时,需加装泄露报警器及通风联动装置。

2.1.2.2　人防

(1) 易燃易爆物品必须远离火源及电源。

(2) 操作易燃易爆化学品时,必须远离火源及电源。许多有机溶剂如乙醚、丙酮、乙醇、苯等非常容易燃烧,大量使用时室内不能有明火、电火花或静电放电。

（3）加热易燃液体时，必须在水浴锅或密封电热板上进行，严禁使用火焰或火炉直接加热。

（4）易燃液体的废液，应使用专门容器收集，不可倒入下水道，以免聚集引起火灾或爆炸事故。

（5）未经单位电管部门同意，实验室不得拆改供电线路或随意搭建临时用电线路。增加大功率用电设备要先报主管部门批准，审核供电线路容量。

（6）除因工作需要经实验室负责人批准外，实验室内禁止使用电炉、热得快等大功率电热装置。

（7）应保持实验室消防通道通畅，公共场所不堆放仪器和物品。

（8）实验前，必须对各种仪器设备的安全状况按操作规程要求进行安全检测，确认安全，方可实验。

（9）严禁在实验室内吸烟或违章使用明火。

（10）在日光照射的房间，必须有窗帘，并在日光照射的地方不准放置怕光或遇热分解、燃烧和易蒸发的物品。

（11）实验结束时要断电，下班时最后离开实验室的人员，有责任关闭本室内的电源，消除安全隐患。

2.2　火灾类型、灭火方法及用品

2.2.1　火灾类型

按物质的燃烧特性将火灾可以分为六类，分别是：

A类：固体物质火灾。这里的固体主要指含有碳固体，如木材、棉花、纸张火灾等。

B类：液体火灾和可熔化的固体物质火灾。如汽油、煤油、原油、甲醇、乙醇、沥青、石蜡等引起的火灾等。

C类：可燃气体火灾。如甲烷、乙烷、丙烷、氢气等引起的火灾。

D类：金属火灾。如钾、钠、镁、钛、锆、锂、铝等引起的火灾。

E类：带电火灾。指物体带电燃烧的火灾，如发电机、电缆、家用电器等引起的火灾。

F类：是指烹饪器具内烹饪物火灾，如动植物油脂等。

气体最容易燃烧，只要有足够的热量就可以迅速燃烧；液体燃烧是在蒸汽的状态下进行的,固体的燃烧比较复杂。一般来说,气体燃烧是主要的燃烧方式。

2.2.2 灭火方法

燃烧必须同时具备 3 个条件:可燃物质、助燃物质和火源。灭火就是破坏已经产生的燃烧条件。中华人民共和国应急管理部网站提供的常用灭火方法有:

1. 冷却灭火法

将灭火剂直接喷洒在可燃物上,使可燃物的温度降低到自燃点以下,从而使燃烧停止。用水扑救火灾,其主要作用就是冷却灭火。一般物质起火,都可以用水来冷却灭火。

2. 窒息灭火法

可燃物质在没有空气或空气中的含氧量低于 14% 的条件下是不能燃烧的。所谓窒息法,就是隔断燃烧物的空气供给。具体措施如:

(1) 关闭门窗;

(2) 采用石棉布、湿毛巾、沙土、泡沫等不燃或难燃材料覆盖燃烧区域或封闭孔洞;

(3) 用水蒸气、惰性气体(如二氧化碳、氮气等)充入燃烧区域。

3. 隔离灭火法

可燃物是燃烧条件中最重要的条件之一,如果把可燃物与引火源或空气隔离开来,那么燃烧反应就会自动中止。隔离灭火的具体措施有:

(1) 将火源附近的易燃易爆物质转移到安全地点;

(2) 关闭设备或管道上的阀门,阻止可燃气体、液体流入燃烧区;

(3) 关闭相关的防火门、电源、阀门;

(4) 用喷洒灭火剂的方法,把可燃物同空气和热隔离开来;

(5) 拆除与火源相毗连的易燃建筑结构,形成阻止火势蔓延的空间地带等。

4. 抑制灭火法

将化学灭火剂喷入燃烧区参与燃烧反应,使游离基(燃烧链)的链式反应中止,从而使燃烧反应停止或不能持续下去。采用这种方法可使用的灭火剂有干粉和卤代烷灭火剂。灭火时,将足够数量的灭火剂准确地喷射到燃烧区内,使灭火剂阻断燃烧反应。

2.2.3 灭火用品

常用灭火用品有灭火器、灭火毯、消防沙、消火栓等。

2.2.3.1 灭火器

灭火器是一种便携式灭火工具。按其内部装填成分不同,分为干粉灭火器、水基灭火器、泡沫灭火器、二氧化碳灭火器、洁净气体灭火器等(图2-1,2-2)。

图2-1 灭火器实物图

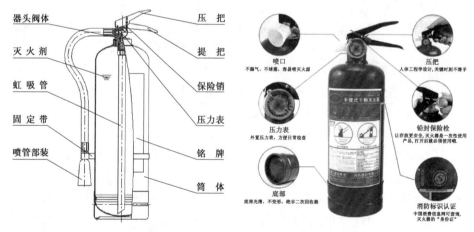

图2-2 灭火器的构造(左)与使用前主要检查位置(右)

干粉灭火器:是内部充装干粉灭火剂的灭火器。

干粉灭火剂是用于灭火的干燥且易于流动的微细粉末,由具有灭火效能的无机盐和少量的添加剂经干燥、粉碎、混合而成微细固体粉末组成。无机盐有碳酸氢钠、磷酸铵盐等。

灭火原理:利用二氧化碳或者氮气作为动力,将干粉灭火剂喷出,通过覆盖起到隔离和窒息的效果而发挥灭火作用。碳酸氢钠干粉灭火器适用于易燃、可燃液体、气体及电器设备的起初灭火;磷酸铵盐干粉灭火器除可用于上述情况外,还可扑救固体类物质的起初火灾。

使用方法:将灭火器上下颠倒几次,使筒内干粉松动;拔掉安全栓;一只手握手柄,另一只手握喷管,站在上风向,采用蹲姿,将喷嘴对准火焰根部,压下压把喷射(见图 2-3)。

图 2-3　干粉灭火器使用图解

注意:干粉灭火器有很好的扑灭火焰作用,但无降温作用,扑灭固体物质起火的火焰后,有复燃的可能,需要进行进一步的处理。

泡沫灭火器:是充装物含有发泡剂及可通过反应产生二氧化碳气体的灭火器。

　　灭火主要原理:产生泡沫及二氧化碳气体发挥隔离及窒息作用。适用于扑救一般 B 类火灾,如油制品、油脂等火灾,也适用于 A 类火灾,但不能扑救 B 类火灾中的水溶性可燃、易燃液体的火灾;也不能扑救带电设备及 C 类和 D 类火灾。

　　使用方法:在距离着火点 8 米左右,将筒体颠倒过来,一只手紧握提环,另一只手扶住筒体的底圈,将射流对准燃烧物(见图 2-4)。

图 2-4 泡沫灭火器使用图解

　　颠倒使用原因:泡沫灭火器内有两个容器,分别盛放通过反应可产生二氧化碳气体的硫酸铝和碳酸氢钠溶液;灭火器正置时,两种溶液互不接触,不发生反应;颠倒灭火器则可使两种溶液混合而发生反应。因此,不用时千万不能碰倒泡沫灭火器。

二氧化碳灭火器:是充装有液态二氧化碳的灭火器。

灭火原理:二氧化碳的窒息作用以及液态二氧化碳气化时吸收热量的降温作用。用 CO_2 灭火器灭火时,不会对环境及燃烧物造成二次污染,因此被广泛用于扑灭电器设备火灾、精密仪器及贵重设备火灾等,常应用于实验室、计算机房、变配电所,以及对精密电子仪器、贵重设备或物品维护要求较高的场所。

使用方法:拔出灭火器的保险销,把喇叭筒往上扳 $70\sim90°$,一手托住灭火器筒底部,另一只手握住启动阀的压把,对准目标,压下压把(见图 2-5)。

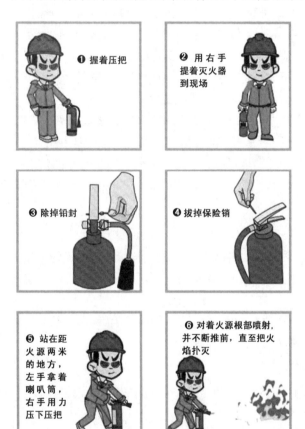

图 2-5　二氧化碳灭火器使用图解

水基灭火器:灭火剂的主要成分是 S-3-AB 型水系灭火剂和水,除能扑灭 A 类和 B 类火灾外,还能扑灭 C 类、E 类火灾。

灭火原理:水蒸发时吸热的冷却作用和大量水汽稀释氧气的窒息作用。最大优点是环保,灭火剂的残留物可 100％降解蒸发,无毒无害、无污染,对人体的呼吸道、眼睛、皮肤无刺激性。除了可用于扑灭物体火灾外,还可喷到人体,起到阻燃效果,帮助人火场逃生。

使用方法:拔下保险栓,一只手握压把,另一只手握喷管;喷嘴对准火源压下压把。

洁净气体灭火器:通常指充装有惰性气体灭火剂的灭火器。

其中的惰性气体有氮气、氩气、二者混合物以及含有二氧化碳的三种气体混合物。IG01 气体灭火剂由氩气单独组成,IG100 气体灭火剂由氮气单独组成,IG55 气体灭火剂由氮气和氩气各 50％组成,IG541 气体灭火剂由 52％氮气、40％氩气、8％二氧化碳气体组成。目前常用的为 IG541 气体灭火器。该类灭火器可用于扑灭可燃液体、易燃气体、带电设备火灾等。

卤代物灭火器:灭火剂为人工合成的卤代烃。

早期主要用哈龙 1211(二氟溴氯甲烷,二氟氯溴甲烷,二氟一氯一溴甲烷,二氟一氯溴甲烷)和哈龙 1301(三氟溴甲烷,三氟一溴甲烷,一溴三氟甲烷),因具有很强的臭氧消耗潜能已被淘汰;目前常用的有七氟丙烷、六氟丙烷等,不损害大气臭氧层,灭火时不会导致局部空气冷却产生水雾,在扑灭电器及电路火灾方面更有优势。

2.2.3.2 灭火毯

灭火毯一般为由玻璃纤维等材料经过特殊处理和编织而成的织物。

灭火原理:覆盖窒息和隔离作用。可用于隔离窒息火源和火场逃生时的人体保护。

使用方法:双手拉住灭火毯包装外的两条手带,向下拉出灭火毯。将灭火毯完全抖开,覆盖在火源上或披在身上。

2.2.3.3 消防沙

消防沙即用于消防灭火的沙。一般是中粗的干燥黄沙,放在耐酸耐碱防腐蚀的专用消防沙箱内。

灭火原理:隔绝空气。主要用于液态粘稠液体(如油)的灭火,也可用于扑灭 D 类金属火灾或用于吸附和阻截泄露的液体。

使用时将沙子撒于着火处或泄漏液体处。注意:消防沙要干燥,因为有水分的话遇火会飞溅,易伤人。

2.2.3.4 消火栓

消火栓是一种固定式消防设施,用射出的水柱扑灭火灾。

主要供消防车从市政给水管网或者室外消防给水管网取水实施灭火,也可以直接连接水带、水枪出水灭火。作用是控制可燃物、隔绝助燃物、消除着火源。

使用方法:打开消火栓门,取出水带连接水枪,甩开水带,水带一头插入消火栓接口,另一头接好水枪,摁下水泵,打开阀门,握紧水枪,将水枪对准着火部位出水灭火。

2.2.4　灭火注意问题

(1)首先要搞清起火的物质,再决定采用什么灭火器材。

(2)火势较小时就地取材,运用一切能灭火的工具扑灭火灾;火势太大无法自己扑灭时应及时拨打"119"火警电话求救,并立即想办法逃生。

(3)用灭火器灭火时,尽量远离火源,灭火器应对着火焰的根部喷射。

(4)人员应站立在上风口。

(5)应注意周围的环境,防止塌陷和爆炸。

(6)脱去所穿的化纤服装,注意保护暴露在外面的皮肤,不要张嘴呼吸或高声呐喊。

(7)电气设备及电线着火时,切断电源后才能用水扑救。

(8)以下物质失火时,不能用水灭火:1)与水发生猛烈作用的物质;2)比水轻、不溶于水的易燃与可燃液体;3)溶于水、或稍溶于水的易燃与可燃液体。

(9)扑灭产生有毒蒸汽的火情时,要注意防毒。

2.3　火灾逃生

2.3.1　火灾逃生注意问题

(1)选择合适的逃生路线及途径。

(2)逃生时要防烟以及防身上衣物着火。

(3)一旦身上衣物着火,则要尽快采取可行措施灭火而不能带火逃离。

(4)如各种逃生之路被切断时,应就地自救,等待救援。

(5)尽早求救。

2.3.2　火灾逃生路线及途径

(1)尽快做出判断,选择一条切实可行的逃生路线。一般要向安全出口方向逃生。

（2）轻易不要乘坐电梯，避免火灾导致断电而造成电梯"卡壳"以及烟气流入电梯导致人被浓烟毒气熏呛而窒息。

（3）当火势不大时，要尽量往下面楼层跑；若通道被烟火封阻，则应背向烟火方向离开，逃到天台、阳台处。

（4）不要向狭窄的角落如墙角、桌子底下等退避。

（5）无法辨别方向时，应该先向远离烟火的方向疏散。

（6）多层建筑物如楼梯已被烧断，或者火势已相当猛烈时，可以利用房屋的窗户、阳台、下水管道或其他可以接地牢固的物件逃生。

（7）通过门窗逃离火源时，应打开少许迅速通过并随手关闭，以阻止和延缓烟雾向逃离的通道跟踪流窜。

（8）如果实验楼内有避难房、疏散楼梯的，可以先躲进避难房或由疏散楼梯撤离至安全地方。

（9）如无正常路径可逃离时，可以用身边的绳索、床单、窗帘、衣服自制简易救生绳，并用水打湿，紧拴在窗框、铁栏杆等固定物上，用毛巾、布条等保护手心、顺绳滑下，或下到未着火的楼层脱离险境。有人将这种办法称为"缓降逃生，滑绳自救"。

（10）在万分紧急需要跳楼出逃时，可先往地下抛出一些衣物等物品，以增加缓冲，然后手扶窗台往下滑，以缩小跳落高度，并尽力保持双脚着地。

（11）各种逃生之路被切断时，应返回室内，关紧门窗，并向门窗上浇水，用湿毛巾、湿布塞堵门窗缝隙，或用水浸湿棉被，蒙上门窗，防止烟火渗入。做好这一切后打电话求救并等待救援。确定逃生之门是否被火切断的标准是：门窗用手摸上去是否发热。如果已经发热，就不能打开，立即选择其他出口。

2.3.3 火灾逃生时防烟

烟雾中含有大量的有毒有害气体，吸入浓烟有可能导致中毒和窒息。因此，火灾逃生时一定要注意防烟。

常用的防烟措施是用湿毛巾捂住口鼻。如果有防毒面罩，将其戴在头上逃离更好。

需要注意的点有：（1）当感到烟、火刺激时，无论附近有无烟雾，均要采取防烟措施。（2）使用时一定要确实用湿毛巾将口鼻捂严。（3）在穿过烟雾区时，即使感到呼吸阻力增大，也不能拿开毛巾。（4）经过浓烟区时尽可能使身体贴近地面匍匐或爬行（图2-6），千万不要直立行走。原因是烟气较空气轻而飘于上部。

图 2-6　遇火灾逃生图解

2.3.4　火灾逃生时防身上衣物着火及灭火

通过浓烟区时,用湿毛巾捂住口鼻,直接用水打湿衣服或用湿衣服、湿床单裹住身体。

如果身上衣服着火,千万不要跑,应用水浇灭火焰,或者用灭火毯、厚布单等压灭火焰。不推荐在地上滚动,以免将火苗波及未受损区域。

2.3.5　火灾求救

1)打"119"报警。

一旦发生火灾,应尽快报警,而且必须做到正确无误,以免耽误救火时间。要讲清楚发生火灾的具体地点和楼层,并尽可能讲清火灾类型、大小和范围。

2)呼救。

(1)在窗口、阳台等处向外呼叫。(2)敲击金属物品。(3)向外投掷软物品。(4)夜晚天黑时向外挥动手电筒或白布条。

2.4　烧伤及应急处理

烧伤是指由热液、火焰、高温物体、蒸汽、电、化学物质等引起的皮肤或其他组织损害。不同程度地损伤人体健康,严重时致残甚至致死。

一旦发现有人被烧伤,应尽快判断烧伤原因并评估烧伤严重程度,进行应急处理。

2.4.1 烧伤严重程度初步评估

参见表2-1烧伤程度评估标准。

表2-1 烧伤严重程度评估标准

严重程度	烧伤总面积(%)	Ⅲ度烧伤面积(%)
轻度烧伤	<5	0
中度烧伤	5~15	<5
重度烧伤	16~25	<10
特重度烧伤	>25	≥10

注:凡有以下合并症者均应归在重度烧伤内:(1)头面颈部烧伤:肿胀压迫呼吸,毁容;(2)会阴部烧伤:易创面感染,会阴瘢痕粘连;(3)吸入性损伤:如有气道梗阻或下气道损伤者,应立即行气管内插管或气管切开;(4)手烧伤:易产生瘢痕痉挛、屈曲畸形;(5)合并重伤:脑、胸、腹重伤,骨折,肾衰等。

见中华医学会儿科学分会灾害儿科学学组、中国人民解放军儿科学专业委员会编写的《儿童烧伤预防和现场救治专家共识》(2022)。

2.4.2 烧伤应急处理

2.4.2.1 烧伤应急处理原则

(1)尽快脱离烧伤危害源。

(2)立即呼叫"120"急救电话。

(3)伤口紧急处理。

2.4.2.2 烧伤应急处理措施

1. 清除所有潜在的致伤因素

包括闷热的、烧焦的或沾染化学品的衣物及所有配饰(除非已粘在患者身上)。被热液浸湿的衣物需尽快除去,必要时剪开衣服以防撕脱皮肤。

火焰烧伤时,立即令患者倒地,着火一面朝上。用水浇灭火焰,或者用灭火毯、厚布单等压灭火焰。火焰向上燃烧,平躺可防止火焰波及头面部,减少吸入损伤。任何不易燃的透明液体都可用于灭火。用灭火毯、厚布单等灭火后立即移开散热。小心地将所有烧焦衣物从患者身上移走,可保留已降温的融化并粘在伤口上的织物。

电烧伤时,首先应关闭电源或使用非导电材料将受害者与电源隔离,确保救援人员和患者的环境安全。救援时救援人员必须站在绝缘地面或绝缘物体上

（图 2 - 7）。切断电源后，小心设备可能残余巨大电力，可用干燥的木棍将患者和触电设备分开。尽量少搬动患者，在皮肤外观正常情况下，可能会有深层组织（肌肉、血管、神经等）的广泛损伤。

图 2 - 7　电烧伤救援人员救援图解

救助化学烧伤患者时，首先做好个人防护，迅速去除沾染化学品的所有衣物，刷除干性化学品，用大量清水彻底冲洗干净（至少 20 min）。彻底清除化学品可能需要冲洗 30 min 或更长时间，专家推荐冲洗 20 min 后尽早转送专业救治，途中继续冲洗。

2. 伤口紧急处理

脱离致伤热源后，烧伤部位深层组织的温度仍会持续上升，自然冷却会使烧伤继续进展。冷疗可减少创面余热对有活力的组织的继续损伤，有效阻止浅度创面向深度创面发展，而且具有止痛作用。可在现场用自来水或洁净水冲泡冷疗烧伤部位；对于不宜冲洗的创面使用常温水冷敷降温。冷疗时间 30 min 或持续到不再有明显疼痛。烧伤后 1 h 内冷疗效果明显，3 h 时内实施仍有效。

对于严重烧伤伤口，清创冷疗时应尽可能保护创面免受污染并尽快就医。送医时可使用消毒纱布或洁净的布料覆盖创面。

2.4.2.3　烧伤应急处理注意事项

（1）不要强行撕下已降温的融化并粘在伤口上的织物。

（2）不要自行在创面涂抹药物和生活用品，避免加深创面或增加创面感染的风险，以及妨碍专业人员对烧伤面积和深度的判断。

（3）如受伤部位出现水疱，不建议刺破浅或深Ⅱ度烧伤形成的水疱，在保持无菌前提下,可刺破张力性大水疱,但需保护疱皮以覆盖创面。

（4）大面积烧伤的患者只能给其喝淡盐水而不能大量喝淡水,否则会加剧水肿,出现低钠血症等并发症。

参考文献:

范强强.家用灭火器知多少[J].中国消防,2017(21):41.

郭琳瑛,邱林,郑成中,史源.儿童烧伤预防和现场救治专家共识[J].中国当代儿科杂志,2021,23(12):1191-1199.

教育部办公厅关于组织开展2022年高等学校实验室安全检查工作的通知[EB].教育部办公厅,2022-3-15.

姜周曙,冯建跃,林海旦,樊冰.高校实验室消防安全常见误区及正确防范[J].实验室研究与探索,2021,40(02):289-293+306.

刘长宏,廖影,胡宇,李晓辉,宋典达,朱再明.消除事故隐患的实验室安全治理策略[J].实验室研究与探索,2021,40(11):294-296+315.

刘静,赵乘寿,冒龚玉,汪鹏,胡源.我国哈龙替代灭火技术的现状及发展趋势[J].中国西部科技,2010,9(34):8-10+18.

陆聆泉.手提式六氟丙烷灭火器灭B类火能力研究[J].消防科学与技术,2008(05):343-346.

隋兴亮.从实验室火灾爆炸事故引发的实验室消防安全思考[J].化工安全与环境,2022,35(18):17-20.

田庆忠.公安部消防局荣获"淘汰全氯氟烃/哈龙贡献奖"[J].消防技术与产品信息,2007(09):84.

王杰,隋阳.优化现场急救流程对烧伤患者急救效果的影响[J].中西医结合心血管病电子杂志,2019,7(30):63.

王羽,李兆阳,孟令军,周杰,刘艳.多措并举的高校实验室消防培训初探[J].教育教学论坛,2020(34):367-368.

张立芳.小儿烧伤患者的病因分析、预防措施及应急处理[J].中国医药指南,2013,11(36):431-432.

赵勇俊,郭小雁.加强高校实验室危险化学品安全管理工作的策略研究——评《高等学校实验室安全检查项目表(2022年)》[J].化学工程,2022,50(05):4-5.

朱爱玲.加强高校实验室防火防爆应急管理的几点建议[J].湖南安全与防灾,2022(02):59-62.

宗禾,陈起峥.实验室防火防爆安全须知[J].中国消防,2021(11):72-73.

中华人民共和国教育部.高等学校实验室安全检查项目表.2022.

3 第三部分
危险化学品安全

化学品是高校生物相关实验不可缺少的材料,广泛应用于教学与科研实验。其种类繁多,安全隐患也最多。其中很大一部分属于危险化学品,对人及环境生物具有潜在的危险性。

3.1 危险化学品的定义

《危险化学品目录》(2015,2018,2020 版等)中关于危险化学品的定义是:具有毒害、腐蚀、爆炸、燃烧、助燃等性质,对人体、设施、环境具有危害的剧毒化学品和其他化学品。

3.2 危险化学品分类

危险化学品按照物理危险、健康危害和环境危害进行分类。

我国 1992 年发布了国家标准《常用危险化学品的分类及标志》(GB 13690—1992),根据危险化学品的主要危险特性,将常用危险化学品分为 8 类,包括:第一类,爆炸品;第二类,压缩气体和液化气体;第三类,易燃液体,第四类,易燃固体、自燃物品和遇湿易燃物品;第五类,氧化剂和有机过氧化物;第六类,有毒品;第七类,放射性物品;第八类,腐蚀品)。

危险化学品分类的基础性规范文件为《全球化学品统一分类和标签制度》(The Globally Harmonized System of Classification and Labelling of Chemicals,简称 GHS 制度或紫皮书)。该文件于 2003 年由联合国正式发布,每两年修订一次。

在执行联合国 GHS 制度时,各国或地区都采取"积木式"原则,选择性采纳 GHS 制度中的危险种类和类别,这也导致了全球各地关于危险化学品分类的尺度并不完全一致,我国执行联合国 GHS 的法规文件是 2013 年发布的《国标 30000 系列》,与 GHS 第 4 修订版内容相一致。《国标 30000 系列》将化学品按危险性进一步细分为 28 类,包括 16 种物理危险、10 种人身危害、2 种环境危害。其中,16 种物理危险分别是:爆炸物(30000.2)、易燃气体(30000.3)、气溶胶(30000.4)、氧化性气体(30000.5)、加压气体(30000.6)、易燃气体(30000.7)、易燃固体(30000.8)、自反应物质和混合物(30000.9)、自燃液体(30000.10)、自燃固体(30000.11)、自燃物质和混合物(30000.12)、遇水放出易燃气体的物质和混合物(30000.13)、氧化性液体(30000.14)、氧化性固体(30000.15)、有机过氧化物(30000.16)、金属腐蚀物(30000.17);10 种健康危害分别是:急性毒性(30000.18)、皮肤腐蚀/刺激(30000.19)、严重眼损伤/眼刺激(30000.20)、呼吸道或皮肤致敏(30000.21)、生殖细胞致突变性(30000.22)、致癌性(30000.23)、生殖毒性(30000.24)、特异性靶器官毒性一次接触(30000.25)、特异性靶器官毒性反复接触(30000.26)、吸入危害(30000.27);2种环境危害分别是:对水生环境的危害(30000.28)、对臭氧层的危害(30000.29)。在各类危险中,依据危险及危害程度又分为不同的等级。如爆炸物按危险程度分为不稳定爆炸物、1.1、1.2、1.3、1.4、1.5、1.6七个等级,越靠前危险等级越高;健康危害品按其急性毒性由大到小为1、2、3、4、5五个等级,1级毒性最大,也被划分为剧毒化学品。

2015年,我国国家安监总局、公安部等十部委局联合发布了《危险化学品目录(2015版)》(以下简称《目录》),同时发布了《危险化学品目录(2015版)实施指南(试行)》。所列化学品是指达到国家、行业、地方和企业产品标准的危险化学品(国家明令禁止生产、经营、使用的化学品除外)。

《指南》所附《危险化学品分类信息表》是各级安全监管部门判定危险化学品危险特性的重要依据,收录了2828种危险化学品,并明确了每种危险化学品的分类信息。

3.3 危险化学品安全风险及管理重点

3.3.1 危险化学品安全风险

危险化学品安全风险来源于两方面,一是化学品自身安全风险,二是触犯相关法规的风险。爆炸品、易燃化学品、剧毒品、加压气体、强腐蚀品等都有很大的自身安全风险;剧毒化学品、易制爆化学品、易制毒化学品等具有管理风险。

3.3.2 危险化学品安全管理重点

我国对危险化学品的管理实行分类目录管理制度。重点管控列入《剧毒化学品目录》、《易制爆危险化学品名录》、《易制毒化学品的分类和品种目录》中的危险化学品。

3.3.2.1 剧毒化学品

《危险化学品目录(2015版)实施指南(试行)》中给出了剧毒化学品的定义和判定界限。定义是:具有剧烈急性毒性危害的化学品,包括人工合成的化学品及其混合物和天然毒素,还包括具有急性毒性易造成公共安全危害的化学品。判定界限是:急性毒性类别1,即满足下列条件之一:大鼠实验,经口 LD50≤5 mg/kg,经皮 LD50≤50 mg/kg,吸入(4 h)LC50≤100 mL/m³(气体)或

0.5 mg/L(蒸汽)或 0.05 mg/L(尘、雾)。经皮 LD50 的实验数据,也可使用兔实验数据。关于剧毒化学品的具体种类,可查阅《剧毒化学品目录(2015)》。其中共收录了 148 种剧毒化学品,来源于《危险化学品目录(2015)》,包括生命科学实验用于血清样品防腐、植物诱变育种等用途的叠氮化钠,用于电镜超薄切片制作样品固定的四氧化锇等。

3.3.2.2 易制爆危险化学品

是指列入中华人民共和国公安部确定、公布的可用于制造爆炸物品的化学品。具体种类见《易制爆危险化学品名录》。最新版(2017 版)共分为 9 类 74 种,9 类分别是:(1) 酸类:包括硝酸和高氯酸;(2) 硝酸盐类:包括硝酸钠、硝酸钾、硝酸铯、硝酸镁、硝酸钙、硝酸锶、硝酸钡、硝酸镍、硝酸银、硝酸锌、硝酸铅;(3) 氯酸盐类:包括氯酸钠及溶液、氯酸钾及溶液、氯酸铵;(4) 高氯酸盐类:包括高氯酸锂、高氯酸钾、高氯酸钠、高氯酸铵;(5) 重铬酸盐类:包括重铬酸锂、重铬酸钾、重铬酸钠、重铬酸铵;(6) 过氧化物和超氧化物类:包括含量大于 8% 的过氧化氢溶液、过氧化锂、过氧化钠、过氧化钾、过氧化镁、过氧化钙、过氧化锶、过氧化钡、过氧化锌、过氧化脲、过乙酸、过氧化二异丙苯、过氧化氢苯甲酰、超氧化钠、超氧化钾;(7) 易燃物还原剂类:锂、钠、钾、镁、镁铝粉、铝粉、硅铝、硅铝粉、硫黄、锌尘、锌粉、锌灰、金属锆、金属锆粉、六亚甲基四、1,2-乙二胺、一甲胺[无水]、一甲胺溶液、硼氢化锂、硼氢化钠、硼氢化钾;(8) 硝基化合物类:硝基甲烷、硝基乙烷、2,4-二硝基甲苯、2,6-二硝基甲苯、1,5-二硝基萘、1,8-二硝基萘、二硝基苯酚[干的或含水<15%]、二硝基苯酚溶液、2,4-二硝基苯酚[含水不小于 15%]、2,5-二硝基苯酚[含水不小于 15%]、2,6-二硝基苯酚[含水不小于 15%]、2,4-二硝基苯酚钠。(9)其他:硝化纤维素及溶液、4,6-二硝基-2-氨基苯酚钠、高锰酸钾。其中的硝酸、硝酸钠、硝酸钾、重铬酸钾、过氧化氢等在生命科学实验中常用。

3.3.2.3 易制毒化学品

是指国家规定管制的可用于制造毒品的前体、原料和化学助剂等物质的化学品。具体种类见《易制毒化学品的分类和品种目录》。最新版本(2021 版)共分为 3 类 34 种,第一类有 15 种,主要是用于制造毒品的原料,分别是:(1) 1-苯基-2-丙酮;(2) 3,4-亚甲基二氧苯基-2-丙酮;(3) 胡椒醛;(4) 黄樟素;(5) 黄樟油;(6) 异黄樟素;(7) N-乙酰邻氨基苯酸;(8) 邻氨基苯甲酸;(9) 麦角酸*;(10) 麦角胺*;(11) 麦角新碱*;(12) 麻黄素类物质*——麻黄素、伪麻黄素、消旋麻黄素、去甲麻黄素、甲基麻黄素、麻黄浸膏、麻黄浸膏粉等;(13) 4-

苯胺基-N-苯乙基哌啶;(14)N-苯乙基-4-哌啶酮;(15)N-甲基-1-苯基-1-氯-2-丙胺。第2类、第3类主要是用于制造毒品的配剂。第二类有11种,分别是:(1)苯乙酸;(2)醋酸酐;(3)三氯甲烷;(4)乙醚;(5)哌啶;(6)溴素;(7)1-苯基-1-丙酮;(8)α-苯乙酰乙酸甲酯;(9)α-乙酰乙酰苯胺;(10)3,4-亚甲基二氧苯基-2-丙酮缩水甘油酸;(11)3,4-亚甲基二氧苯基-2-丙酮缩水甘油酯。第三类有8种,分别是:(1)甲苯;(2)丙酮;(3)甲基乙基酮;(4)高锰酸钾;(5)硫酸;(6)盐酸;(7)苯乙腈;(8)γ-丁内酯。需要说明的是,第一类、第二类所列物质可能存在的盐类,也纳入管制;带有 * 标记的品种为第一类中的药品类易制毒化学品,包括原料药及其单方制剂。

3.3.2.4　特别管控的危险化学品

指固有危险性高、发生事故的安全风险大、事故后果严重、流通量大、需要特别管控的危险化学品。《特别管控危险化学品目录(第一版)》由应急管理部、工业和信息化部、公安部、交通运输部于 2020 年 5 月 30 日联合发布(第 3 号公告),将 4 种爆炸性化学品(硝酸铵、硝化纤维素、氯酸钾、氯酸钠)、6 种有毒化学品(氯、氨、异氰酸甲酯、硫酸二甲酯、氰化钠、氰化钾)、5 种易燃气体(液化石油气、液化天然气、环氧乙烷、氯乙烯、二甲醚)、5 种易燃液体(汽油、1,2-环氧丙烷、二硫化碳、甲醇、乙醇)作为特别管控的危险化学品。甲醇、乙醇为生物实验常用,均为易燃气体,且蒸汽与空气能形成爆炸性混合物,甲醇还具有毒性。

3.4　危险化学品购买及运输管理

3.4.1　剧毒化学品购买及运输管理

剧毒化学品有剧烈急性毒性,易造成公共安全危害,公安部门对其实施严格管制。

2005 年 4 月 21 日公安部部长办公会议通过并出台了《剧毒化学品购买和公路运输许可证件管理办法》,对国务院安全生产监督管理部门会同国务院公安、环保、卫生、质检、交通部门确定并公布的剧毒化学品进行购买与销售行为的管控。

管理要点:(1)个人无权购买剧毒化学品;(2)单位必须持有营业执照或者法人证书(登记证书),并应当申请取得《剧毒化学品购买凭证》《剧毒化学品准购证》和《剧毒化学品公路运输通行证》;(3)购买时需要提供营业执照或者法人证书(登记证书)复印件、拟购买的剧毒化学品品种、数量及用途说明、经办人的身份证明。(4)购买前须经学校审批,报公安部门批准或备案后,向具有经营许可资质的单位购买,并保留报批及审批记录;(5)建立购买、验收、使用等台账资料;(6)不得私自从外单位获取管制化学品。

如违规购买和运输剧毒化学品,将被公安机关追责。具体处罚办法见《剧毒化学品购买和公路运输许可证件管理办法》第二十条、第二十一条、第二十二条。

3.4.2　易制毒化学品购买及运输管理

《易制毒化学品管理条例》最早由中华人民共和国国务院于 2005 年 8 月 26日发布(第 445 号令),2014 年、2016 年、2018 年先后进行了 3 次修订,内容涵盖易制毒化学品的生产、经营、购买、运输和进口、出口行为规范。

2018 年版有关购买的相应条款有第十四条、第十五条、第十六条和第十七条。要点:(1)个人不允许购买第一类易制毒化学品,只能购买第二类和第三类易制毒化学品。(2)单位购买第一类易制毒化学品时,应先申请取得《购买许可证》;(3)个人或单位购买第二类和第三类易制毒化学品时,在购买前需将所需购买的品种、数量,向所在地的县级人民政府公安机关备案;个人自用购买少量高锰酸钾的,无须备案。(4)申请购买第一类中的药品类易制毒化学品的,需向所在地的省、自治区、直辖市人民政府药品监督管理部门申请《购买许可证》;申请购买第一类中的非药品类易制毒化学品的,需向所在地的省、自治区、直辖市人民政府公安机关申请《购买许可证》。(5)申请《购买许可证》时需要提交的材料有:经营企业的企业营业执照或其他组织的登记证书(成立批准文件)以及合法使用需要证明。

涉及购买与运输法律责任的是第三十八条。该条规定:未经许可或者备案擅自生产、经营、购买、运输易制毒化学品,伪造申请材料骗取易制毒化学品生产、经营、购买或者运输许可证,使用他人的或者伪造、变造、失效的许可证生产、经营、购买、运输易制毒化学品的,由公安机关没收非法生产、经营、购买或者运输的易制毒化学品、用于非法生产易制毒化学品的原料以及非法生产、经营、购买或者运输易制毒化学品的设备、工具,处非法生产、经营、购买或者运输的易制毒化学品货值 10 倍以上 20 倍以下的罚款,货值的 20 倍不足 1 万元的,按 1 万元罚款;有违法所得的,没收违法所得;有营业执照的,由工商行政管理部门吊销营业执照;构成犯罪的,依法追究刑事责任。

3.4.3　易制爆化学品购买及运输管理

公安部 2019 年发布的《易制爆危险化学品治安管理办法》涉及易制爆危险

化学品生产、经营、储存、使用、运输和处置的治安管理。

涉及购买的要点主要有：(1)严禁个人购买易制爆危险化学品。(2)单位购买易制爆危险化学品的，应当向销售单位出具本单位《工商营业执照》《事业单位法人证书》等合法证明复印件、经办人身份证明复印件以及易制爆危险化学品合法用途说明，说明应当包含具体用途、品种、数量等内容。(3)购买和转让易制爆危险化学品应当通过本企业银行账户或者电子账户进行交易，不得使用现金或者实物进行交易。(4)易制爆危险化学品使用单位不得出借、转让其购买的易制爆危险化学品；因转产、停产、搬迁、关闭等确需转让的，应当向具有相关许可证件或者证明文件的单位转让。(5)任何单位和个人不得交寄易制爆危险化学品或者在邮件、快递内夹带易制爆危险化学品，不得将易制爆危险化学品匿报或者谎报为普通物品交寄，不得将易制爆危险化学品交给不具有相应危险货物运输资质的企业托运。

涉及运输的要点有：(1)运输易制爆危险化学品途中因住宿或者发生影响正常运输的情况，需要较长时间停车的，驾驶人员、押运人员应当采取相应的安全防范措施，并向公安机关报告；(2)如易制爆危险化学品在道路运输途中丢失、被盗、被抢或者出现流散、泄漏等情况的，驾驶人员、押运人员应当立即采取相应的警示措施和安全措施，并向公安机关报告。

3.5　危险化学品存储管理

3.5.1　存储管理法规重要条文

《危险化学品安全管理条例》(2013)、《剧毒化学品、放射源存放场所治安防范要求》(GA 1002—2012)、《易制爆危险化学品储存场所治安防范要求》(公安部，GA 1511—2018)、《易制爆危险化学品治安管理办法》(公安部，2019)等国家级法规及一些地方法规都对危险化学品的存储做了要求。

《危险化学品安全管理条例》(2013)第二十四条：危险化学品应当储存在专用仓库、专用场地或者专用储存室(以下统称专用仓库)内，并由专人负责管理；剧毒化学品以及储存数量构成重大危险源的其他危险化学品，应当在专用仓库内单独存放，并实行双人收发、双人保管制度。危险化学品的储存方式、方法以及储存数量应当符合国家标准或者国家有关规定。

《剧毒化学品、放射源存放场所治安防范要求》(GA 1002—2012)对剧毒化学品和放射源的存储有具体要求。重要条款如第 5.1.7、5.1.8、5.1.9、5.2.3、

5.4.1,内容分别如下:

5.1.7 剧毒化学品应单独存放、不得与易燃、易爆、腐蚀性物品等一起存放。应由专人负责管理,按照剧毒化学品性能分类、分区存放,并做好贮存、领取、发放情况登记。登记资料至少保存 1 年。

5.1.8 放射源应单独存放,不得易燃、易爆、腐蚀性物品等一起存放。应由专人保管,并做好贮放、领取、使用、归还情况的登记,登记资料至少保存 1 年。含放射源装置暂停使用期间,应存放在专用仓库内。

5.1.9 应每天核对、检查剧毒化学品、放射源存放情况,发现剧毒化学品、放射性物品存放情况,发现剧毒化学品、放射源的包装、标签、标识等不符合安全要求的,应及时整改;账物不符,查找不到下落的,应立即报告单位主管部门和所在地公安机关。

5.2.3 存放场所(部位)应设置明显的剧毒、电离辐射警告标志,警告标志应符合 GB2894、GB18871 的要求。

5.4.1.3 视频图像应实时记录,记录保存时间应不少于 30 天。

关于剧毒化学品存储与领用,《江苏省教育科研和医疗单位剧毒化学品治安安全管理规定(试行)》提出了更为具体、操作性更强的管理条例。主要条文有第十三条、第十五条、第十七条和第十八条。归纳如下:

(1)剧毒化学品的存储、使用环节实行"五双制度",即:双人保管、双人收发、双人领用、双人双锁、双账本。

(2)存储的试剂、小包装类剧毒化学品,一律存入专用保险柜。专用保险柜不得低于《防盗保险柜》(GB10409)中 A 类防盗保险柜标准。

(3)领用剧毒化学品应当填写审批单,注明用量用途,经使用部门(实验室)负责人审批。

(4)使用剧毒化学品应当当日领用、当日退库,并健全领退、使用消耗台账。对当日领用剩余的剧毒化学品,应当经使用部门(实验室)负责人核对并在消耗台账上签字确认后,全部退回库房。

(5)使用部门每月应当对本部门剧毒化学品领用、消耗情况进行一次自查。相关纸质台账资料至少保存 1 年。

上面条文可总结为:集中分类存放,专人管理,控制存量,签字领用,回收处理。

涉及易制爆危险化学品存储的法规是《易制爆危险化学品储存场所治安防范要求》(公安部,GA 1511—2018)。要点:(1)教学、科研、医疗、测试等单位存储的易制爆危险化学品总量不超过 50 kg;(2)存储场所可为储存室或储存柜,出入口应设置防盗安全门,或将易制爆危险化学品存放在房间的专用储存柜内。

(3) 专用储存柜应具有防盗功能,符合双人双锁管理要求,并安装机械防盗锁。

(4) 存放场所出入口或存放部位应安装视频监控装置,出入口的监视和回放图像应能清晰辨别进出人员的面部特征,存放部位的监视和回放图像应能清晰显示物品存取情况和人员活动情况。(5) 丢失、被盗、被抢的,应当立即报告公安机关。

涉及易制毒化学品存储管理的重要法规还有《易制毒化学品管理条例》第三十四条,内容:易制毒化学品丢失、被盗、被抢的,发案单位应当立即向当地公安机关报告,并同时报告当地的县级人民政府食品药品监督管理部门、安全生产监督管理部门、商务主管部门或者卫生主管部门。

3.5.2 存储管理细节

(1) 教学科研实验室应有剧毒危险品和易爆危险品专用储存柜,剧毒危险品用保险柜,易爆危险品用防爆冰箱,挥发性化学品置于抽气柜。

(2) 小型保险柜要固定在墙壁或地上。

(3) 对性质相抵触和灭火方法不同的化学危险物品严禁在同一个地方储存。

(4) 能够相互反应的化学品应分类存放:如酸性物质与碱性物质分开,易燃品与氧化剂分开,毒品与酸分开。

如有可能,可将危险化学品库分成 5 个独立单间,依次存放易燃品、碱性腐蚀品、毒害品、酸性腐蚀品、氧化剂。若放在危品柜中,从上至下的次序为易燃品、碱性腐蚀品、酸性腐蚀品、氧化剂。将易燃品放在最上层,这样起火后不易蔓延到其他层。

(5) 易制爆品遇高温、摩擦、撞击可引起剧烈的化学反应,放出大量的气体和热量,产生猛烈的爆炸,因此,要求存放于阴凉、低温处。

(6) 强氧化剂如氯酸钾、硝酸钾等,遇强酸、冲击、摩擦、受热等作用,能分解、燃烧甚至爆炸,此类物品应避免与还原性强的物质、可燃物接触;避免与强酸、强碱混合接触,库房应阴凉通风,理想温度在 20℃ 以下。

(7) 易燃的物品远离明火等。

其他有关易制爆化学品的重要法规条文有:(1) 禁止个人在互联网上发布易制爆危险化学品生产、买卖、储存、使用信息。(2) 禁止任何单位和个人在互联网上发布利用易制爆危险化学品制造爆炸物品方法的信息。

3.6 危险化学品的安全使用

使用危险化学品时,应根据危险类型采取对应的安全操作规范,以尽可能避免与减轻危险化学品对实验人员的危害。

3.6.1 一般操作规范

(1) 操作、制备有刺激性的、恶臭的、有毒的气体或进行能产生这些气体的反应时,以及加热或蒸发盐酸、硝酸、硫酸的实验,必须在通风橱内进行,实验者实验前必须戴好口罩、手套,规范操作。

(2) 凡化学试剂,不论是否有毒,都不能入口和用手直接接触。

(3) 如确需以鼻鉴别无名试剂时,须将试剂瓶远离,用手轻轻扇动,稍闻其气味,严禁鼻子接近瓶口。

(4) 开放盛有溴、过氧化氢、氢氟酸、乙醚、氨水和硝酸、盐酸、硫酸的容器时,切勿使瓶口对着自己或别人,以防开启时发生意外的溅泼。

(5) 溅落在地板上或桌椅上的试剂(尤其是有毒试剂)应立即处理,以免引起中毒。

(6) 实验结束必须洗手,任何试剂沾污于手上或身体其他部位时应立即冲洗干净。

3.6.2 有毒化学品的安全使用

化学品使用前应先了解其是否具有毒性、毒性大小、染毒途径、中毒症状、解毒方法,有针对性地进行人身安全及环境安全防护。了解渠道首先是查阅各版《剧毒化学品名录》(如 2002 版和 2015 版,前者收录的剧毒化学品种类更多),对于名录所列化学品要严加防护。此外,还可通过购买时产品说明及文献报道加以甄别。

大多数化学药品都有不同程度的毒性。有毒物质进入人体的途径有皮肤、消化道和呼吸道。如苯、有机溶剂、汞等能透过皮肤进入人体,氨、二氧化硫等可通过呼吸道对人产生毒害作用。

预防和避免毒害品对人体伤害的措施包括:

(1) 不在实验室内饮食,不将实验器皿作饮食工具使用。

(2) 操作有毒物质时,穿工作服、戴口罩、戴手套,并在实验后及时洗手。

(3) 工作人员手、脸、皮肤有破裂时,不进行有毒物质操作,尤其是氢化物的操作。

（4）用嗅觉检查样品时，只能拂气入鼻，稍闻其味即可，绝不可鼻子接近瓶口猛吸。

（5）处理有毒性气体时，实验室内应有良好的通风设备，使空气畅通。使用有毒气体（如氯气、氯化氢、溴蒸气、硫化氢、二氧化氮等）和可能产生毒性和刺激性气体如一氧化碳、硫化氢、氟化氢、氯化氢、二氧化硫、二氧化氮等的操作，必须在通风橱内进行。苯、四氯化碳、乙醚、硝基苯等的蒸汽会引起中毒，它们虽有特殊气味，但久嗅会使人嗅觉减弱，所以应在通风良好的情况下使用。

3.6.3　易制爆化学品的安全使用

（1）取用时注意轻拿轻放。移动或启用时不得剧烈振动。

（2）不得用带有磨口塞的玻璃瓶盛装爆炸性物质；盛放化学危险品的容器必须清洗干净，以免与其他异物发生反应。

（3）涉及易爆品的实验操作应在通风橱内进行，操作人员须穿戴相应的防护器具。

（4）实验废液不能随便倾倒与互混，避免有机溶剂随水流而挥发并与空气形成爆炸性混合气体。

（5）实验完毕及时销毁残存的易燃易爆物，并按规定处理三废。

（6）使用惰性气体降低空气中的氧含量是防火防爆的基本原理，使用干燥爆炸性物质，应在惰性气体保护下进行。

3.6.4　易燃化学品的安全使用

常用易燃液体（如丙酮、乙醇、乙醚、苯）、常用易燃气体（如氢气、一氧化碳、甲烷、乙烷、丙烷、乙烯、丙烯、天然气等）、遇水易燃物（如正丁基锂、仲丁基锂、叔丁基锂、氢化钙、氢化钠等）等在使用过程中，如操作不当易致火灾，应注意防范。防燃措施包括：

（1）不能用开口或破损容器盛装易燃物质，容积较大而没有保护装置的玻璃容器不能贮存易燃液体。

（2）易燃物不得存放在火焰、电加热器或其他热源附近。防止储存装置表面温度过高引起着火。

（3）大量使用时室内不能有明火、电气火花、静电放电、雷电火花。

（4）操作倾倒易燃液体应远离火源，如点着的煤气（酒精）灯、燃着的火柴等。危险性大的，如乙醚或二硫化碳操作，应在通风柜或防护罩内进行，或设蒸汽回收装置。

（5）加热易燃化学品时要用水浴、密封电热板（炉）、过热水蒸气，严禁明火加热，并及时排风，严防易燃液体溢散挥发于室内。工作完毕，立即关闭所有热源。

（6）避免摩擦和冲击。

（7）实验室内严禁吸烟。

（8）使用易燃液体的操作时，要戴防毒面具。

（9）使用后必须把瓶塞塞严，放在阴凉的地方。

（10）易燃液体的废液，应使用专门容器收集，以免引起爆炸事故。

3.6.5　腐蚀品使用安全操作规范

常用强腐蚀刺激性危险化学品如氢氟酸、液溴、吡啶、硫醇类、硫醚类等，在使用中要防腐蚀和刺激。强酸、强碱、溴、磷、钠、钾、苯酚等都会损伤皮肤或眼，需要特别引起注意，尤其注意勿使其溅在眼睛上。

（1）取用腐蚀性刺激药品，如强酸、强碱和溴水等，应穿工作服、戴上橡皮手套和防护眼镜等。

（2）必须采用特制的虹吸管移出危险液体，并采取相应的防护措施（如戴防护眼镜、橡皮手套和围裙等）。

（3）稀释浓硫酸时，必须在烧杯和锥形瓶等耐热容器内进行，并且伴随不断搅拌，慢慢将浓硫酸加入水中。绝对不能将水加入浓硫酸中。

（4）移注酸碱液时，要用吸管，不能用漏斗，以防酸碱溶液溅出。

（5）加热化学药品时，必须平稳放置，瓶口不能对准人或设备。

（6）取下正在沸腾的液体时，须夹稳并摇动后再取下，防止液体爆沸伤人。

（7）使用氮气、二氧化碳的实验室，应经常检查储存装置及管路的气密性，保持良好的通风，避免窒息事故的发生。

（8）腐蚀性物品不能放在烘箱内烘烤，不得直接放在电子天平上敞口称。

（9）拿取碱金属及其氢化物和氧化物时，必须用镊子夹取或用瓷匙取用，且操作人员须戴橡胶手套、口罩和眼镜。

3.7　危险化学品事故应急处理预案

3.7.1　应急用品配置

应急用品是应急救援的物资保障。放置大量危险化学品的化学试剂库或需要用到危险化学品的实验室都应配置必要的应急用品。包括但不限于：

（1）防护用品：一次性防护服（B级和C级）、护目镜、面屏和呼吸面罩、手套（乳胶、丁腈）、防滑靴等，用于应急人员个体防护。

（2）灭火器材和物品：水、黄沙、干粉灭火器、二氧化碳灭火器、泡沫灭火器等，灭火物品有湿布、石棉布、灭火毯等。必须加强消防器材的保养，定期更换泡沫灭火器中的药品。

（3）急救用品：急救药箱，用于伤员急救。

（4）吸附用品：用于化学品泄漏紧急处理——吸附。如吸附棉用于少量液体泄漏的吸附，吸附枕用于大量液体泄漏的吸附，吸附条用于泄漏的围堵。

（5）中和用品：用于化学品泄漏紧急处理——中和。包括中和酸、中和碱、有机溶剂吸附剂。

（6）检测仪器设备：用于检测泄漏化学品浓度，以便泄漏时选择适合的个体防护方式以及事故后的安全达标情况。如四合一气体检测仪、挥发性有机物检测仪等。

（7）其他用品：应急处理手册资料；可密封应急桶、储物箱、告示牌/警示牌、剪刀、胶带、电筒、pH试纸、坩埚钳、纸笔等。

3.7.2 各类化学品事故应急处理方法

3.7.2.1 易燃品的事故处理方法

易燃品贮存或不规范使用极易造成火灾，甚至引起爆炸。应急处理原则包括尽快灭火、防止火势蔓延并及时报告和求救。最好先尽快移去附近的易燃物品，切断电源，再进行灭火；如果有人烧伤，还需进行烧伤应急处理。灭火方法及烧伤应急处理参见本书第二部分相关内容。

3.7.2.2 剧毒品的事故处理方法

剧毒品的蒸汽或粉尘在空气中的浓度超过极限安全值，对人体有害。吸入刺激性气体中毒时，可吸入少量乙醇和乙醚的混合蒸汽使之解毒。吸入毒性气体中毒时，可将中毒者抬至户外，解开衣领和纽扣，呼吸新鲜空气。毒物入口，立即口服大量牛奶、鸡蛋清使之缓和，然后用手指伸入喉部或服用硫酸铜溶液（约30g溶于1杯水中）催吐后送医院治疗。

3.7.2.3 腐蚀性危险品的事故处理方法

碱液（如浓氨水、烧碱等）若撒在皮肤上，先用大量水冲洗，然后用饱和硼酸溶液或1%～2%的醋酸溶液清洗后再用大量水冲洗，冲洗完涂上油膏并包扎好;如果溅在眼睛上,抹去溅在眼睛外面的碱,先用水冲洗,再用3%硼酸溶液清洗后点青霉素眼膏等;若撒在衣服上,先用水洗,然后用10%的醋酸溶液洗涤,再用氢氧化铵中和多余醋酸,最后用水冲洗。

酸液(如浓硫酸、浓硝酸等)若撒在皮肤上,立即用大量水冲洗,然后用2%～5%的碳酸氢钠溶液清洗后,再用大量水冲洗,清洗完涂上甘油或其他油膏并包扎好;若溅在眼睛上,先抹去溅在眼睛外边的酸,立即用水洗眼后,再用稀碳酸氢钠溶液清洗后送医院治疗。若洒在衣服上,依次用水、稀氨水、水冲洗;如果洒在地板上,撒石灰粉,再用水冲洗。腐蚀性毒物入口时,如果强酸先饮大量水,再服氢氧化铝膏、鸡蛋清;如果强碱,饮水后服用醋、酸果汁、鸡蛋清;二者都要喝大量牛奶,不要吃呕吐剂。

图 3 - 1　洗眼杯

洗眼杯(图 3 - 1)是一种比较简单有效的洗眼设备,使用方法是:首先将洗眼用液倒进洗眼杯里面,注意将洗眼杯与外眼对齐,然后将头仰起把洗眼杯扣压在眼睛上面,使洗眼液在眼部浸泡,同时可以眨眼或转动眼球,然后将洗眼杯取下来,将眼睛周围的洗眼液擦干净。

苯酚溅到皮肤上,不能用水洗,用75%乙醇和1 mol/L 三氯化铁的混合液清洗比较好。

3.8　危险化学品回收与废弃物处理

领用后剩余的危险化学品和易制毒品必须按照规定交回专用仓库,并办理交接手续。

使用危险化学品、易制毒品产生的危险废弃物不得任意抛弃、污染环境,应按照国家有关废弃物处理规定以及单位废弃物处理管理制度对废物、废液进行分类存贮,并交由有资质的公司进行处理。特别应该注意的是:化学废液安全风险最大,尤其应注意其收集与存贮。

3.8.1　化学废液的定义与安全风险

化学废液是指在学校实验室内进行化学实验后产生的废液。不包括原瓶存放的液态化学品。

其安全风险包括:自身的燃烧、爆炸、腐蚀等风险,相互反应产生危险产物风险,泄漏导致环境污染风险等。

3.8.2　化学废液安全风险防范

化学废液安全风险防范措施主要包括:选择合适的容器、科学分类收集、容器标注清晰、安全存放、安全处理。

3.8.2.1　化学废液容器选择

废液桶一般为聚乙烯(PE)塑料桶。其中的高密度聚乙烯(HDPE)塑料桶化学稳定性好,在室温条件下,不溶于任何有机溶剂,耐酸、碱和各种盐类的腐蚀,并且具有较好的耐磨性、电绝缘性、韧性及耐寒性,使用比较安全。

强氧化的浓酸不能直接倒入聚乙烯类的废液桶中,须稀释或用碱安全中和后再倒入废液桶,也可使用原瓶回收。

3.8.2.2　化学废液的分类收集

应严格按照《实验室废液相容表》(图 3-2)收集。通常按照有机废液、强酸废液、强碱废液、其他无机废液等分类进行收集。扬州大学按照安全性原则、方便性原则、经济性原则,将有机废液分为非含氯有机废液、含氯有机废液、油脂类废液,将无机废液分为汞系废液、一般重金属废液、六价铬废液、酸系废液和一般无机废液,并分别使用不同颜色的标签。其中的非含氯有机废液包括脂肪族碳

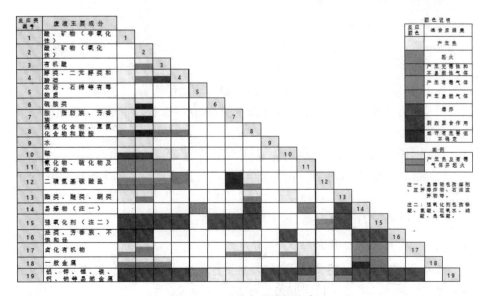

图 3-2　实验室废液相容表

氢化合物、脂肪族氧化物、脂肪族含氮化合物、芳香族化合物、芳香族含氮化合物、含硫碳氢化合物等,含氯有机废液包括脂肪族卤素类化合物、芳香族卤素类化合物;油脂类废液包括乳化剂、切削油、润滑油、机械清洗液、动植物油(脂)等,汞系废液包括无机汞、有机汞,一般重金属废液包括含有金属元素的混合废液、高浓度金属化合物废液等,酸系废液包括硫酸、硝酸、盐酸等,一般无机废液包括碳氢类溶剂、福尔马林、醋酸水溶液、碘液、蛋白质、糖类、指示剂、磷酸盐类、氯化镁、一般无机盐类、含氟废液等。

收集时除了注意相容性外,还应注意:(1)防止遗洒。使用漏斗帮助收集并在废液容器下方摆放防漏盘。(2)不要装液太满。有机废液不超过容器的3/4,其他废液不超过容器的4/5。(3)剧毒废液单独收集,并尽可能标出剧毒因子的含量(g/L)。(4)强氧化的浓酸不能直接倒入聚乙烯类的废液桶中,须使用原瓶回收。

3.8.2.3　化学废液容器标注

贮存化学废液的容器上应设置标签,写明倒入废液的主要成分或化学名称、禁忌物、危险情况(有毒、有害、腐蚀、易燃、易爆、刺激、爆炸等)、使用负责人姓名等,并填写相应的安全措施(防遗洒、防渗漏、防碰撞、消防沙、灭火器和吸酸棉等)。

标签必须保证文字清晰,粘贴结实不易脱落。

3.8.2.4　化学废液的安全存放

(1)适宜的场所。要远离火源、气源、电源、水源,以免引起爆炸或水污染。容器周边不应设置实验装置、钢架、玻璃容器等,应将容器设置在远离其他物品的开阔地界,防止容器因过失操作行为被破坏,废液溢出,污染环境。

(2)高温易爆或易腐败的特殊有机废液,应在特殊条件下储存,如储存在低温环境中。

(3)剧毒废液须妥善保管,双人双锁管理。

(4)存放废液容器时,须拧紧瓶盖(先盖紧内盖,再旋紧外盖),整齐直立摆放。

(5)采取有效的安全措施,防止废液容器倾覆。

3.8.2.5　化学废液的安全处理

目前,高校实验室废液的处理方式主要有两种:一是委托外包服务,二是自建校内处理系统。多数高校采取第一种方式运输和处置。但由于第三方企业业务范围涵盖不全、运输、处置能力不足、处理成本高等,不能完全满足高校需求,迫使部分高校自建校内实验室废液处理系统。如扬州大学依托本校环境科学与工程学院水污染控制与治理实践中心，建设了实验室废液处理系统；兰州大学、延边大学、中国矿业大学、浙江工业大学等高校也采用了校内自建实训平台处理废液的模式。

委托外包服务应选择有资质的公司，并应了解公司的可处理废液类型。根据《危险废物经营许可证管理办法》，实验室废液处理专业资质公司须具备县级以上环保部门核发的"危险废物收集、贮存、处置综合经营许可证"，许可证上明确记载危险废物经营方式、危险废物类别。高校要仔细检查第三方公司的危废许可证信息，尤其是可处置哪些类别的危险废物。

如高校自建处理系统，处理后的出水水质应达到国家城镇下水道排污标准后方可排入城市污水管网。

3.9　高校危险化学品管控举例

2019年初，教育部印发的《关于进一步加强高校教学实验室安全检查工作的通知》（教高厅〔2019〕1号）、《关于加强高校教学实验室安全工作的意见》（教技函〔2019〕36号，以下简称《意见》）中提出高校教学实验室所面临的重大安全问题，并从安全体系、风险评估、应急制度、保障制度和奖惩机制等多个方面给出了相关安全工作的重要指导性意见。

中国科学技术大学国家级化学实验教学示范中心陆续开展了安全课堂（化学实验安全知识MOOC）和安全活动（讲座及直播）以全面提升师生的安全防护意识，并进一步完善实验室安全软件（化学药品信息化管理系统）和硬件条件（消防设施、应急用品等），规范安全责任体系，为学校和社会的安全稳定、师生的生命安全提供了有效的保障。依据国家相关法规《危险化学品安全管理条例》（国务院令〔2011〕第591号）、《常用危险化学品存储通则》（GB15603）、《化学品分类和危险性公示通则》（GB13690）和《仓库防火安全管理规则（公安部令第6号）中对危险化学品管理和实验室安全建设管理的相关要求和规定，中心结合本科基础化学实验教学实验室的实际情况，在符合相关法律法规和国家标准的要求前提下对试剂库进行全面的安全环境改造，进一步加强安全、科学、规范的危化品管理。

北京大学根据《危险化学品安全管理条例》中的管理要求以及不同化学品危害性的大小，将化学品划分为4个管控级别：（1）公安部门管制类化学品，包括剧毒化学品、易制毒化学品、易制爆危险化学品；（2）危害性较大的危险化学品；

（3）其他危险化学品；（4）《危险化学品目录（2015 版）》以外的一般化学品（表 3 - 1）。在购买、储存、使用、检查等环节，不同管控级别的危险化学品有不同的管理方式，管控力度随管控级别依次降低。

表 3 - 1　北京大学化学品分级管理管控级别划分

管控级别	类别	购买	储存	使用	检查
1	剧毒化学品	提交书面申请，学院及学校审批，在校试剂库工作人员的监督下领取	校试剂库统一储存，实验场所不允许存放	安全管理人员现场监督，使用完后记录使用量，如定期检查有剩余则当天送返库房	试剂库房实时监管，学校定期检查
	易制爆危险化学品、易制毒化学品	试剂平台线上申请，学院及学校审批，校试剂库统一配送	专人保管、"双人双锁"，限量存储、分类存放	用完妥善存放，做好使用记录	学校日常巡查、专项检查、定期检查，院系定期检查，各实验室每日检查
2	危害性较大的危险化学品	试剂平台线上申请，学院审批，校试剂库统一配送	限量存储、分类存放	用完妥善存放，做好使用记录	学校日常巡查、专项检查、定期检查，院系定期检查，各实验室每日检查
3	其他危险化学品	试剂平台线上申请，校试剂库统一配送	限量存储、分类存放	用完妥善存放，做好使用记录	院系定期检查，各实验室定期检查
4	一般化学品	试剂平台线上申请，校试剂库统一配送	有序存放	用完妥善存放，做好使用记录	院系定期检查，各实验室定期检查

注：上表来源于李悦天等《高校危险化学品分类分级管理实践与探索》一文

南京大学为进一步加强实验室环境与安全工作规范化建设，完善实验室环境与安全治理体系，推动实验室安全管理工作有序开展，夯实严谨务实的工作作风，2021 年 3 月起实验室与设备管理处出台"每日一记录，每周一讨论，每月一简报"的工作机制，及时记录并解决安全隐患问题，挖掘安全管理工作亮点，总结优良经验，使相关领导、部处和院系及时了解实验室安全管理现状，确保实验室安全管理相关事宜"事事有回音、件件有着落"。在学校统一领导下，构建了学校—院系—实验室的安全管理三级责任体系。2021 年,"南京大学实验室安全检查管理系统"上线,形成一套共用数据,构建了安全管理底层基础,为实验室的危险源管理、危废管理、试剂采购管理等提供数据保障,是实现实验室安全管理全覆盖的基础。2021 年,学校组织成立了"南京大学实验室安全教育考试试题专家库",专家库共包括化学化工学院等 10 个院系的 19 位专家,编制了一套满足当下管理要求、符合本校实际的实验室安全教育考试题库,进一步强化试题库的适用性和针对性,提升我校实验室安全教育水平。2021 年 10 月,学校通过"实验室安全教育培训考试系统",组织开展实验室安全准入考试。并启动"实验室安全教育与考试系统"手机端应用,开展"南京大学试剂管理系统"优化升级工作,完成"南京大学实验室危险废物管理平台"开发工作,完成我校危险化学品安全技术说明书(MSDS)立项,依托高效、网络化、智能化的信息化手段,细化过程管理,提升实验室安全信息化管理和服务水平。为让学校师生直观实验室安全管理工作需要知晓的知识、业务工作流程等,2021 年,实验室与设备管理处全面梳理了面向师生的各项业务,简化办事环节,优化办事流程,强化信息建设,编制了《实验室安全管理业务工作流程单》《南京大学实验室压力容器办事指南》、《实验室常见危险源名录(2021)》等指南文件,实现"少跑腿、提效率",提高师生办事的便利度和满意度。

参考文献：

蔡国梅,徐纪良.全球化学品统一分类和标签制度[J].职业卫生与应急救援,2008,26(06):298-301.

GA 1002—2012,剧毒化学品、放射源存放场所治安防范要求[S].

GA 1511—2018,易制爆危险化学品储存场所治安防范要求[S].

GB 13690—2009,化学品分类和危险性公示通则[S].

GB 10409—2019,防盗保险柜(箱)[S].

GB 13690—1992,常用危险化学品的分类及标志[S].

GB 15603—1995,常用化学危险品贮存通则[S].

宫兆合,刘心悦.实验室危险化学品全寿命管理研究[J].实验室科学,2021,24(03):187-190.

国家安全监管总局.危险化学品目录(2015 版)实施指南(试行).2015-08-19.

教育部办公厅.教育部办公厅关于进一步加强高校教学实验室安全检查工作的通知[J].中华人民共和国教育部公报,2019(Z1):49-54.

教育部关于加强高校实验室安全工作的意见[J].中华人民共和国教育部公报,2019(05):

29-31.

中华人民共和国公安部. 剧毒化学品购买和公路运输许可证件管理办法[N]. 2005-06-08.

李娇,冯红艳,金谷,朱平平. 高校化学教学实验室小型试剂库改造[J]. 大学化学,2022,37(02):131-137.

李越敏,张志恒,郝晓颖. 化学危险药品管理与实验室安全措施[J]. 化学教育,2007(04):57-58.

李悦天,刘雪蕾,赵小娟,李恩敬. 高校危险化学品分类分级管理实践与探索[J]. 中国环境监测,2021,37(04):12-19.

刘泽杰,黄朝阳,陈习荣,郭永涛. 环境保护与化学危险品的管理[J]. 科技视界,2012(29):385+243.

江苏省公安厅,江苏省教育厅,江苏省卫生厅,江苏省环保厅,江苏省安监局. 省公安厅省教育厅省卫生厅省环保厅省安监局关于印发《江苏省教育科研和医疗单位,剧毒化学品治安安全管理规定》的通知[J]. 江苏省人民政府公报,2014(01):44-48.

申桂英.《特别管控危险化学品目录(第一版)》公布[J]. 精细与专用化学品,2020,28(06):51.

宋江鹏. 危险化学品目录 2015 版实施解读[J]. 石化技术,2017,24(03):271.

中华人民共和国国务院. 危险化学品安全管理条例[J]. 中华人民共和国国务院公报. 2002,(07):5-14.

熊花爱,高丽. 高校危险化学品的管理与安全防护措施[J]. 中国科技信息,2008(07):148-149.

徐文,张键,李江,陈一兵,张惠芹. 高校实验室废液处理工作规范的构建[J]. 实验技术与管理,2021,38(01):282-286.

姚建华,徐雯丽,黄迎,蒋舒仰,胡静,李佳. 基于网络的危险化学品信息查询系统[J]. 上海化工,2018,43(01):23-25.

杨选民,薛少平. 高校实验室安全管理办法的探究[J]. 科技视界,2015(05):128.

中华人民共和国国务院. 易制毒化学品管理条例[J]. 司法业务文选. 2005,(34):3-14.

中华人民共和国公安部. 易制爆危险化学品名录(2017 年版)[J]. 中华人民共和国公安部公报,2017(03):1-6.

中华人民共和国公安部. 易制爆危险化学品治安管理办法[J]. 中华人民共和国国务院公报,2019(29):23-27.

周继香. 化学实验室的安全防护与急救措施[J]. 安全、健康和环境,2006(04):35-37.

4 第四部分
实验设备器材安全

生物实验用到的实验设备种类很多,包括各种显微观察设备(普通光学显微镜、荧光显微镜、电子显微镜等)、冷冻储存设备(冰箱、液氮罐)、干燥设备(如电热干燥箱)、灭菌设备(如高压蒸汽灭菌器、紫外灭菌灯)、离心设备(各种离心机)、加热设备(水浴锅、电炉、微波炉等)、无菌操作设备(如超净工作台、生物安全柜)、培养发酵设备(细胞培养箱、恒温摇床等)、检测设备(各种显微镜、分光光度计、酶标仪、流式细胞仪等)、实验气体储存设备(高压气瓶)等,其中许多存在安全风险,尤其涉及高压、高温、低温、离心(机械高速)、紫外辐射、电磁辐射等的设备有比较高的安全风险,应该作为设备器材安全管理环节的重点关注对象。

本章将重点介绍压力容器、离心机、电热干燥箱、紫外设备、电离辐射和液氮罐的安全风险与防范措施。

4.1　压力容器的安全风险及操作规范

4.1.1　压力容器定义

压力容器,指盛装气体或液体,承载一定压力的密闭设备,其范围规定为最高工作压力大于或等于 0.1 Mpa(表压),且压力与容积的乘积大于或等于 2.5 Mpa·L 的气体、液化气体和最高温度高于或等于标准沸点的液体的固定式容器和移动式容器、氧舱等。

4.1.2　生物实验用压力容器类型及安全风险

生物学实验用到的压力容器主要有两类:高压灭菌器和高压气瓶。

高压灭菌器是利用饱和压力蒸汽对物品进行迅速而可靠地消毒灭菌的设备。高压蒸汽灭菌器由灭菌室、控制系统、过压保护装置等组成(图 4-1 上)。高压灭菌锅通过加热,使灭菌锅隔套间的水沸腾而产生蒸汽;待水蒸气急剧地将锅内的冷空气从排气阀中驱尽,排气阀关闭,继续加热,由于在密闭的蒸锅内蒸汽不能外溢,随着压力不断上升水的沸点也会不断提高,锅内温度也随之增加,在 0.1 MPa 压力下锅内温度可达 121 ℃,能够很快杀死细菌,达到对耐湿耐热物品进行灭菌的目的。高压灭菌器可用于分子生物学、细胞生物学、微生物学等生物学实验器械、敷料、玻璃器皿、溶液培养基的消毒灭菌。

10. 控制面板
11. 压力表
12. 安全阀
13. 锁紧机构
14. 脚轮

1. 手轮
2. 放气阀
3. 自锁机构
4. 桶盖
5. 外壳
6. 灭菌网篮
7. 挡水板
8. 灭菌桶搁脚
9. 灭菌桶

瓶帽
制造钢印
气体名称
色环
所属单位名称
整体漆色
防震胶圈

检验钢印
1/3H
H

图 4-1　高压灭菌锅(上)与高压气瓶(下)

高校实验室所用的高压气瓶,一般为气体钢瓶盛装的压缩气。生物学教学和科研实验室主要有二氧化碳气体钢瓶,检测常用的还有氮气、氢气、压缩空气,气质联用仪还需要用到氦气。

压力容器的安全风险主要来自两个方面:一方面是压力容器本身存在的固有风险,另一个方面是使用者没有遵循各级管理部门制定的相关强制性管理法规和管理,有违规和犯法的风险。

高压容器的潜在危险主要是容器发生爆炸,其发生爆炸的原因有:器皿内的压力和大气压力差逐渐加大和反应时反应区内压力急剧升高或降低等。

高压灭菌器比如高压蒸汽消毒锅本身的安全风险有:(1) 高温灼伤(放气阀放气灼伤、灭菌锅锅盖打开时的热蒸汽)风险;(2) 压力异常增大(待消毒物品或水垢堵塞排气管)风险;(3) 液体灭菌时爆瓶风险。

实验室的气体钢瓶的危险主要是气体泄漏造成人员中毒或爆炸、火灾等。实验气体根据其种类不同,存在易燃、爆炸、窒息、有毒、腐蚀、氧化、低温等特性中的一种或多种,存在固有危险。

常用的二氧化碳压缩气体,属高压液化气体,充装系数 0.75,气瓶受热或超装易爆炸(物理)。当二氧化碳含量较少时对人体并无危害,然而在超过一定浓度时,可导致人呼吸麻醉、神志不清、窒息(高浓度)甚至死亡。

氮气压缩气体不支持燃烧,无明显毒副作用,但是氮含量过高,可使吸入氧气分压下降,引起缺氧窒息,此外液氮能对皮肤、眼睛和呼吸道等造成冻伤。

氩气是惰性气体,但是高浓度的氩气可以通过置换空气中的氧而造成窒息危险。

氢气密度小,易泄漏。扩散速度很快。氢气与空气的混合气体极易引起自燃自爆。

压缩空气指被外力压缩的空气,是一种重要的动力源。空气被压缩后体积缩小、压力提高。压缩空气没有特殊的有害性能,没有起火危险,不怕超负荷,依靠其压力可以冲走小颗粒灰屑,用于干燥、吹扫、气动仪表、自动控制用气等。

但是操作不当或在不适合的场景应用,很可能会对操作人员和周围人士造成严重伤害。例如,冲走的颗粒灰屑可能冲进眼睛或者擦破的皮肤;极端情况下,压缩空气能通过皮肤创口或身体开放组织进入血流造成血栓,或引发严重感染。

4.1.3 压力容器管理要求

实验气体使用或操作不当,有可能带来致命后果。因此,实验气体均属于国家《危险化学品目录》中的危险化学品,其生产、充装、使用及废弃处置均需按照《危险化学品管理条例》等相关法规进行;其盛装容器(气瓶、杜瓦罐等)亦多属于国家《特种设备目录》中规定的压力容器,其生产制造、使用操作、检验维护、报废等环节受《特种设备安全法》及相应监察规程和条例的严格监管。气体钢瓶使用必须遵守中华人民共和国主席令第 70 号《中华人民共和国安全生产法》、国家质量监督检验检疫总局第 46 号令《气瓶安全监察规定》和《危险化学品安全管理条例》的有关要求。

高校实验室一般属于使用环节,对于实验气体及其盛装容器的使用操作方面应具备的条件、资质、管理应满足以上规定的要求,需要逐一甄别,否则将会带来法规方面的风险。

4.1.3.1 购买要求

购买的压力容器需有资质单位出具的检定证明。需要有负责监督、落实压力气瓶的安全管理措施。

4.1.3.2 储存要求

压力气瓶必须分类分处保管,直立放置时要固定稳妥。使用时应加装固定环。气瓶要远离热源,避免曝晒和强烈震动;实验室内存放气瓶量不得超过两瓶;不适合在楼内存放的压力气瓶,比如可燃性气体和助燃性气体瓶等,应存放在楼外气瓶房,但一定要注意分类分处保管。

钢瓶肩部,用钢印打出下述标记:制造厂、制造日期、气瓶型号、工作压力、气压实验压力、气压实验日期及下次送验日期、气体容积、气瓶重量。

为了避免各种钢瓶使用时发生混淆,常给钢瓶外部漆上不同颜色,比如:氧气瓶天蓝色,氢气瓶深绿色,氮气瓶为黑色,二氧化碳、氩气瓶是灰色(图 4-1 下),并写明瓶内气体名称。各种气瓶必须定期进行技术检查。充装一般气体的气瓶三年检验一次;如在使用中发现有严重腐蚀或严重损伤,应提前进行检验。

4.1.3.3 使用要求

压力容器应定期检验合格,方可使用。严格按照容器安全操作规程使用。

容器安全操作管理规程包括:

1) 容器的操作工艺控制指标,包括最高或最低工作温度、压力,以及波动幅度的控制值;

2) 压力容器的操作程序和注意事项;

3) 容器运行中日常检查内容要求;

4) 容器运行中可能出现的异常现象处理方法和措施;

5) 容器的维护保养方法。

压力容器应逐台建立安全技术档案,包括注册登记资料,随机出厂文件(产品合格证、产品使用说明书、产品质量证明书、产品铭牌拓印件、制造监督检验证书等);年度检查报告、定期检验报告、有关检验的技术文件等资料;安装、维修、改造记录和竣工验收技术资料;安全附件校验、修理和更换记录;事故的记录资料和处理报告。

压力容器操作人员必须持证上岗。熟悉容器的结构、类别、主要技术参数和技术性能,严格按操作规程操作,掌握处理一般事故的方法,填写压力容器使用记录。及时发现操作中或设备上出现的不正常状态,并采取相应的措施进行调整或消除。

4.1.3.4 废弃处理

当压力容器及高压气瓶存在严重事故隐患,无改造、维修价值,或者超过安全技术规范规定使用年限时,应当及时予以报废。需按照《特种设备安全监察条例》、《气瓶安全监察规定》(国家质量监督检验检疫总局令第 166 号)以及实验室报废管理操作条例,执行压力容器设备的报废流程。报废程序包括提出申请、技术鉴定、审批和报废处理等。

4.1.4 高压蒸汽灭菌锅的安全使用

高压蒸汽灭菌锅安全操作注意事项:

(1) 排气时站在偏离排气口的位置;

(2) 缓慢放气;

(3) 待消毒物品放置时不能堵塞排气管;

(4) 瓶装液体消毒时如为橡胶塞应插入针头;

(5) 当消毒室内压力下降至"0"时,方可将灭菌物品取出。溶液及培养基等物品灭菌完成后,应使消毒室内蒸汽压力慢慢下降,不可突然降低压力导致培养基剧烈沸腾。灭菌结束打开灭菌锅盖时,脸不要靠近等。

(6) 消毒前检查安全阀是否正常、水位指示灯是否正常显示水位情况,加热升温过程中检查压力表是否正常工作(无受阻)等。

4.1.5 高压气瓶的安全使用

压力气瓶使用须严格执行操作规程。

1) 压力气瓶上选用的减压器要分类专用,安装时螺扣要旋紧,防止泄漏;2) 开、关减压器和开关阀时,动作必须缓慢;3) 使用时应先旋动开关阀,后开减压器;4) 用完后,先关闭开关阀,放尽余气后,再关减压器。切不可只关减压器,不关开关阀。

使用压力气瓶时,操作人员应站在与气瓶接口处垂直的位置上。操作时严禁敲打撞击,并经常检查有无漏气,应注意压力表读数。使用氧气瓶或氢气瓶等,应配备专用工具,并严禁与油类接触。操作人员不能穿戴沾有各种油脂或易感应产生静电的服装手套操作,以免引起燃烧或爆炸。可燃性气体和助燃性气体瓶,与明火的距离应大于十米(确难达到时,可采取隔离等措施)。

气瓶使用时不可将气用完用尽,应按规定留 0.05 Mpa 以上的残余压力。可燃性气体应剩余 0.2 Mpa~0.3 Mpa(2 kg/cm² ~3 kg/cm² 表压);氢气应保留 2 Mpa,以防重新充气时发生危险。

4.2　离心机安全风险与使用规范

离心机(图 4 - 2)是生物学实验最常用的仪器之一,可通过离心转子的高速旋转产生强大的离心力,加快液体中颗粒的沉降速度,把样品中不同沉降系数和浮力密度的物质分离开来。

图 4 - 2　离心机

离心机按照转速(n)分为低速离心机、高速离心机、超速离心机,对应额定转速(空载时的最大转速)分别是 $n < 8\,000$ r/min、$8\,000$ r/min $\leqslant n \leqslant 30\,000$ r/min、$n > 30\,000$ r/min。

4.2.1　离心机的安全风险

离心机的安全风险主要是机械伤人。导致风险的仪器使用原因有:

(1) 离心前未进行很好平衡,导致离心时机器移动,甚至从实验台上掉下来砸伤人；

（2）启动离心时未正常加盖或在离心机未停止转动时就打开机盖，有可能导致离心管飞出而伤到人；

（3）用玻璃离心管离心时未加离心管套导致离心管破碎，清理时有可能划伤人。

离心机事故产生的主要原因包括：

（1）离心机先天设计缺陷，如有些离心机在高速运转时，门盖随时可以开启，离心机不能联锁制动；

（2）离心机安装不符合要求，如安装工作台不完全水平；

（3）操作人员操作不规范，如用离心机分析标本时，未对称配平；

（4）维护保养工作未严格执行，如未按说明书定期更换转头。

离心机的额定转速越高，安全风险越大。

4.2.2　离心机安全风险防范

（1）离心机应放置在水平坚固的地板或结实的实验平台上，保持水平状态。开机前检查转头安装是否牢固。使用离心机前，仔细检查转子和离心管是否有裂纹或腐蚀。使用规格配套的转子和离心管，注意保证样品、溶剂不腐蚀离心管。

（2）离心管加液应称量平衡，离心管必须成偶数对称放入。

关于平衡，正确方法是：使用配置有套管的离心机离心时，离心套管与装有样品的离心管应同时平衡，确保对称位置的"离心管＋套管"的重量基本相等。

（3）离心前应正确加盖。启动离心机运转前，确保门锁开关已关闭。离心机运行时，严禁移动离心机。不得在机器运转过程中或转子未停稳的情况下打开盖门或移动离心机，以免发生故障。

（4）使用高转速时（＞8 000 rpm），要先在较低转速运行 2 min 左右以磨合电机，然后再逐渐升到所需转速。不要瞬间运行到高转速，以免损坏电机。

（5）在离心过程中，操作人员不得离开离心机室，一旦发生不正常噪音或振动等异常现象，操作人员要立即按"STOP"键，使电机停止运转，再断开电源，停机报请有关技术人员检修。未找出原因前不得继续使用。

（6）离心机一次运行最好不要超过 30 min。

（7）严禁转子超出其额定转速运转；严禁无转子高速运转。

（8）勿用离心机分离易燃、易爆样品，勿在距离离心机 300 mm 内使用和存放易燃、易爆样品。

4.3　电热干燥箱安全使用规范

电热干燥箱又名"烘箱",通常采用电加热方式和鼓风循环干燥物品或进行干热灭菌。

电热干燥箱(图4-3)在干燥时箱内温度一般为105~110 ℃,干热灭菌时温度高于180 ℃,箱体外部温度也比室温高很多。依据《GB/T 11158—2008 高温试验箱技术条件》5.2.3款,最高温度200 ℃的烘箱,工作时烘箱外部(门框排气孔区域除外)温度应不大于室温+35 ℃(假如当前室温是25 ℃的话,即烘箱外表面温度不应该高于60 ℃);对于最高温度超过200 ℃的烘箱,《JB/T 5520—91 干燥箱技术条件》3.5.2款补充要求是:烘箱外表面温度(门框排气孔区域除外)应不大于室温+35 ℃+(工作温度-200 ℃)/100(假如当前室温是25 ℃的话,使用300 ℃时烘箱外表面温度不应该高于70 ℃)。

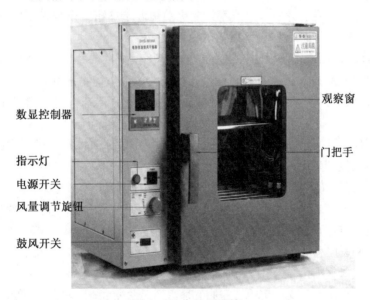

数显控制器

观察窗

指示灯

门把手

电源开关

风量调节旋钮

鼓风开关

图4-3　电热干燥箱

4.3.1　电热干燥箱安全风险

电热干燥箱安全风险主要有:

(1)高温烫伤风险。箱内高温时向内放入或取出物品。

(2)高温引起周围环境及箱内放置易燃易爆物品导致的燃烧与爆炸。

（3）高温玻璃品淬冷碎裂伤人。干燥或消毒玻璃用后未等温度降低到一定程度（最好70℃以下）就打开烘箱门引起高温玻璃遇冷碎裂。

电热干燥箱安全风险防范：

（1）不在烘箱等加热设备内烘烤易燃易爆化学试剂、塑料等易燃物品。

（2）不使用塑料筐盛放实验物品在烘箱等加热设备内烘烤。

（3）烘箱附近不存放气体钢瓶、易燃易爆化学品。

（4）烘箱周围要有一定的散热空间，不存在堆放杂物等影响散热的现象。

（5）使用烘箱时有人值守（或10～15分钟检查一次）。

（6）烘箱等不直接放置在木桌、木板等易燃物品上。

4.3.2　电热干燥箱使用操作规范

（1）恒温干燥箱使用前要认真检查电热恒温干燥箱线路接法是否正确，外壳要有良好接地，确保安全使用。

（2）电接点温度计及节点温度计是电热恒温干燥箱工作时温度控制的计量器具，使用时要缓慢旋转，调至所需的使用温度。

（3）放入试品时，搁板的负重不能超过额定负荷，试品摆放不能过密，严禁烘焙易燃、易爆、易挥发以及有腐蚀性的物品。放取烘烤物件不得撞击伸入工作室的控温器部分，防止损坏控温器导致失灵。包装用纸、棉塞等易燃品不可接触加热器件。

（4）有鼓风的干燥箱，在加热和恒温的过程中，必须将鼓风机开启，否则影响工作室温度的均匀性和损坏加热元件。

（5）在新购使用或搁置较久再用时，应先用低温烘烤80～100℃二小时后再开始升高温度，以利潮气外泄，增强绝缘性能和延长瓷件寿命。初次使用时，应勤加观察，避免过热烘坏工件，造成损失。

（6）仪表控温的热敏元件探头应从左侧线路的测温孔中插入工作室内，不得从箱顶气阀ZX孔插入，以免影响使用。

（7）一般物品160～170℃2～4小时达到灭菌彻底；干燥时间一般为1小时左右。

（8）使用期间注意箱体内高温，防止烫伤。禁止高温下打开箱门，防止巨大温差导致物品损坏。箱内温度降至60℃以下方可打开箱门并且保持送风，待烤箱内部温度降至接近常温时再关掉送风开关。干燥结束后，如需更换干燥物品，则在开箱门更换前先将风机开关关掉，以防干燥物被吹掉；更换完干燥物品后（注意：取出干燥物时，千万注意小心烫伤），关好箱门。

（9）保持电热恒温干燥箱的清洁,使用完毕应关闭电源。

4.4　紫外设备使用防护

实验室涉及紫外线安全使用的设备有荧光显微观察设备(如荧光显微镜、激光扫描共聚焦显微镜)和紫外消毒灯。荧光显微观察设备所配荧光光源发出的光为全波段光,经适当的滤光片过滤后形成的荧光激发光有部分在长波紫外线区(如 DAPI 所用激发光波长为 358～360 nm,GFP 蛋白所用激发光在 395～495 nm);紫外消毒灯所发出的紫外光波长多在 260～300 nm,主要为短波紫外线区。

4.4.1　实验室涉及紫外线的安全风险

紫外线是一种电磁波谱,分为长波紫外线(UVA,近紫外线,波长 320～400 nm)、中波紫外线(UVB,波长 290～320 nm)和短波紫外线(UVC,远紫外线,波长 180～290 nm)。

紫外线直接照射到生物体上,其能量会激发构成生物体有机分子的共价键中的共用电子,将有机分子碳-碳分子链打断,能直接或间接地引起细胞内 DNA 的变异,因此具有一定的致癌能力甚至直接杀死细胞引起组织病变。紫外线对生命体的伤害与直接照射时间和照射强度剂量成正比。紫外线辐射会损害皮肤和眼睛,长期暴露在紫外辐射下会引起皮肤老化,甚至可能导致皮肤癌和眼球晶状体混浊。此外,空气(和空气中的物质)的紫外线辐射还会导致有毒化合物的产生,毒害附近的人员。波长低于 250nm 的紫外线辐射会产生臭氧和氮氧化物,并将氯代烃(如果存在)转化为光气和氯化氢。实验室利用紫外线对生物体的损害作用进行消毒杀菌,在细胞房,紫外灯杀菌是一项常规灭菌措施。

4.4.2　实验室紫外设备安全风险防范

（1）穿戴适当的个人防护设备(防紫外光眼镜、安全眼镜、防紫外线面罩、手套),遮盖裸露在外的皮肤。未戴安全眼镜时,请勿观察紫外光辐射。荧光显微镜和激光扫描共聚焦显微镜在调节荧光光源及较长时间观察荧光标本时,一定要戴能阻挡紫外光的护目镜,加强对眼睛的保护。使用紫外分析仪检测观察电泳、PCR、薄层层析产物时,开启紫外灯后,不配暗箱分析仪的操作者应戴防护眼镜或面罩,避免紫外线直接照射,以防损伤。

（2）无菌间、超净工作台等安装有紫外灯的空间,在人进入使用之前切记检查紫外灯开关状态，关闭电源，勿让人体暴露于紫外线下。确保工作区域内的其他人也有适当的个人防护装备或确保工作区域在使用前已清空，请勿使任何人、动物或植物暴露在紫外线辐射下。

（3）确保紫外设备使用区域有足够的通风资源。

（4）当心紫外辐射，请勿直接触摸紫外线辐射器和受辐射的表面。有灼伤的危险！当心高温表面。在操作过程中，灯管、灯罩和受到辐射的表面可能会变得很烫。直接接触高温表面会引起灼伤。请勿接触高温表面。

4.5　电离辐射设备使用防护

电离辐射设备应用广泛，如医药的 X 射线透视、照相诊断、放射性核素对人体脏器测定，对肿瘤的照射治疗等；工业部门的各种加速器、射线发生器及电子显微镜、电子速焊机、彩电显像管、高压电子管等；高校涉及电离辐射的设备有 X-射线衍射仪、X-射线能谱仪、电子显微镜等。

电离辐射，是指携带足以使物质原子或分子中的电子成为自由态，从而使这些原子或分子发生电离现象的能量的辐射，波长小于 100 nm，包括宇宙射线、X 射线和来自放射性物质的辐射。

4.5.1　电离辐射安全风险

人体受照射的剂量超过一定限度，能产生有害作用。电离辐射可引起放射病，它是机体的全身性反应，几乎所有器官、系统均发生病理改变，但其中以神经系统、造血器官和消化系统的改变最为明显。短时间内接受一定剂量的照射，可引起机体的急性损伤；而较长时间内分散接受一定剂量的照射，可引起慢性放射性损伤，如皮肤损伤、造血障碍、白细胞减少、生育力受损等。

4.5.2　电离辐射设备安全风险防范

（1）尽可能减少辐射暴露的时间，穿戴防护服、防护围裙和手套及器官屏蔽罩等，操作人员戴好防护衣具，并限制暴露在污染环境中的时间。

（2）尽可能增大与辐射源之间的距离。某处的辐射剂量率与距放射源距离的平方成反比，与放射源的距离越大，该处的剂量率越小。在工作中要尽量远离放射源，来达到防护目的。

（3）隔离辐射源，把开放性放射性核素或放射性药物存放在密闭的容器中，并在密闭的手套中操作以使放射性核素或放射性药物与工作场所的空间相隔绝。在人与放射源之间设置一道防护屏障,因为射线穿过原子序数大的物质,会被吸收很多,常用的屏蔽材料有铅、钢筋水泥、铅玻璃等。

（4）对操作电离辐射设备的场所,要经常测量外照射剂量和空气中、工作面上的放射性强度,个人佩戴剂量计超过国家标准的应立即停止工作,采取有效措施进行清理,直至达到国家标准。

（5）用非放射测量技术来取代放射性核素。

4.6　液氮罐储存及使用操作规范

液氮罐是由不锈钢制成的双层壁真空绝热容器,由于其自身特殊的双层结构,因此极易受到损坏。液氮罐一般分为贮存罐、运输罐两种。贮存罐主要用于室内液氮的静置贮存;运输罐为了满足运输的条件,做了专门的防震设计,除可用于静置贮存外,还可在充装液氮状态下运输使用,但也应避免剧烈的碰撞和震动。

4.6.1　液氮容器的安全风险

液氮应用于生物学实验工作中,是细胞、组织及胚胎的主要冷冻贮存媒介。它是一种无色、无臭、无毒的液体,具有超低温性、膨胀性和窒息性。当皮肤接触液氮时,极易造成冻伤。液氮是由空气压缩冷却制成的,汽化会恢复为氮气,在一定空间内,如果氮气过多隔绝了氧气,会引起操作者窒息。需要注意,不能用其他塞子代替专用液氮罐盖,更不能使用密封的塞子,以免液氮持续蒸发形成高压,导致容器的损坏,甚至造成爆炸事故。

导致液氮容器安全事故的因素包括:

1. 外界环境影响

（1）高温高压

液氮是由空气压缩冷却制成,汽化时能恢复为氮气。每升液氮汽化,温度上升 15 ℃,体积膨胀约 180 倍。当外部温度压力超出罐体应承受的冷却温度和压力时就会发生爆炸。

（2）碰撞震动

液氮容器罐体有专项防震设计,除静置贮存外,还可在充装状态下运输使用。但液氮罐体在受到剧烈碰撞和震动后,会引起保温层或其他部件破损,外部环境会直接影响汽化物,造成爆炸。

（3）密封通风不良

如果液氮使用和贮存环境通风不好,会引起室内氮气和一氧化氮气体积聚不散,达到爆炸极限,从而引发爆炸。

2. 人为因素

(1) 储运不当

液氮罐贮存种类一般可分为贮存罐和运输罐 2 种。贮存罐主要用于室内液氮的静置贮存,不宜在工作状态下远距离运输使用。

(2) 使用不当

在操作液氮罐时,如果未将排气阀打开或打开程度不够,液氮经过长时间的自然蒸发后,内筒压力升高。此时若没有安全保护装置,压力持续升高,就有可能导致增压管底部接管原有缺陷处开裂,一旦液氮渗漏到夹层空间后汽化,夹层压力迅速升高,就会导致外筒体爆炸。部分液氮罐操作人员未经安全教育,安全素质和技能较差,也容易发生事故。

(3) 维护不当

长期使用的液氮罐,如未做定期维修检查和保养,存在安全隐患。阀门、仪表等附件在长期使用过程中陈旧老化,如果对液氮罐的阀门、仪表等附件不注意经常检修和更换,一旦这些附件陈旧老化,就会造成温度升高或液氮泄漏,发生爆炸。

4.6.2 液氮罐的安全风险防范

(1) 液氮罐在充填液氮之前,需要检查外壳有无凹陷,真空排气口是否完好,要检查罐的内部是否清洁干燥,无异物。

(2) 对于新罐或处于干燥状态的罐一定要用少量液氮进行预冷并缓慢填充,以防降温太快损坏内胆。充填液氮时不要将液氮倒在真空排气口上,以免造成真空度下降。

(3) 不能用其他塞子代替专用罐盖,更不能使用密封的塞子。液氮管口保留一定缝隙,不可人为堵住液氮罐盖塞上的缝隙,严禁在容器盖上放置物体或密封颈口,以防爆炸。

(4) 使用过程中若发现外表挂霜,应停止使用。特别是颈管内壁附霜结冰时不宜用小刀去刮,以防颈管内壁受到破坏,造成真空度下降。应将液氮取出,让其自然融化。

(5) 放进或取出冷冻物品时,要尽量使罐口打开时间短,以减少液氮蒸发消耗,也不要把提筒完全提出来。

(6) 操作时戴防冻手套、眼罩、口罩,打开盖子时头歪向一侧。

(7) 液氮罐要摆放好,防止翻倒;长期存放液氮的房间应开窗通风、换气,以防窒息。

（8）液氮罐在运输过程中必须装在木架内,垫好软垫并固定好。罐与罐之间要用填充物隔开,防止颠簸撞击,严防罐倾倒,不能在地上随意拖拉液氮罐。

（9）如发现液氮消耗过快或罐壁挂白霜,说明液氮罐绝缘性能失常,应及时淘汰。

4.7　实验室电器设备使用安全

（1）实验室电容量、插头插座与用电设备功率需匹配,不得私自改装;电源插座须有效固定;电气设备应配备空气开关和漏电保护器。

（2）不私自乱拉乱接电线电缆,禁止多个接线板串接供电,接线板不宜直接置于地面;禁止使用老化的线缆、花线、木质配电板、有破损的接线板,电线接头绝缘可靠,无裸露连接线,穿越通道的线缆应有盖板或护套,不使用老国标接线板。

（3）电源开关附近不准堆放物品,以免触电或燃烧。电器插座勿接太多插头,以免负荷不了,引起电器火灾。配电箱前不应有物品遮挡并便于操作,周围不应放置烘箱、电炉、易燃易爆气瓶、废液桶等;配电箱的金属箱体应与箱内保护零线或保护地线可靠连接。

（4）使用动力电时,应先检查电源开关、仪器设备各部分是否完好;启动或关闭仪器设备时,要严格按操作规程操作,出现异常时,应立即断电。

（5）大功率设备（如离心机等）需单独接线,必须使用空气开关。如电器设备无接地设施,请勿使用,以免产生感电或触电。

（6）注意保持电线和电器设备的干燥,防止线路和设备受潮漏电,使用电器设备时,应保持手部干燥。

（7）没有掌握电器安全操作的人员不得擅自变动电器设施,或随意拆修电器设备。

（8）加热装置如电炉、灭菌锅、烘箱等使用时要看护。

（9）人员较长时间离开房间或突然停电时,要切断电源开关,每天最后离开实验室的人应检查室内所有电源是否已关闭。

（10）电器长期不用时,应切断电源。

（11）有人触电时,应立即切断电源,或用绝缘物体将电线与人体分离后,再实施抢救。

4.8　易燃气体使用安全

（1）经常检查易燃气体管道、接头、开关及器具是否有泄漏，最好在室内设置检测、报警装置。

（2）如无重大原因，在使用易燃气（如煤气）或在有易燃气管道、器具的实验室，应开窗保持通风。

（3）当发现实验室里有可燃气泄漏时，应立即停止使用，撤离人员并迅速开门窗通风，检查泄漏处并及时修理。在未完全排除前，不准点火，也不得接通电源。

（4）检查易燃气泄漏处时，应先开窗、通风，可用肥皂水或洗涤剂涂于接头处或可疑处，也可用气敏测漏仪等设备进行检查。严禁用火试漏。

（5）下班或人员离开使用易燃气的实验室前，应注意检查使用过的易燃气器具熄灭，室内无人时，禁止使用易燃气器具。

（6）使用煤气时，必须先关闭空气阀门，点火后，再开空气阀，并调节到适当流量。停止使用时，也要先关空气阀，后关煤气阀。

（7）临时出现停止易燃气供应时，一定要随即关闭一切器具上的开关、分阀或总阀。

（8）在燃气器具附近，严禁放置易燃易爆物品。

参考文献：

张志强,张新祥,何平.高校具有危险性的仪器设备管理的探讨[J].实验技术与管理.2012,29(10):12-17.

宁信,张锐,王满意,虞俊超,翟春红.高校辐射安全管理的实践与探索[J].实验室研究与探索,2019,38(12):312-315.

汪大海.高校实验室放射性同位素与射线装置管理探讨[J].实验室研究与探索,2013,32(06):231-234.

于乐军,刘晨光,李立德,陈刚.风险评估在高校仪器设备安全管理上的应用[J].广东化工,2019,46(16):206-207.

崔玮.高校研究型实验室安全管理工作思[J].时代经贸,2019,(18):33-34.

骆开军,焦林,文富聪.实验室特种设备安全管理体系的探讨与研究[J].设备管理与维修,2022,(11):13-14.

唐秋琳,黄强,黄鹏,毕锋.高校生物医学实验室安全管理与教育探索[J].实验技术与管理,

2018,35(01):277 - 280.

刘会玲,刘树庆.高校实验仪器设备安全使用与维修保养[J].实验室研究与探索.2013,32 (06):223 - 225.

赵伟.离心机的安全使用[J].中国医疗设备.2016,31(01):168 - 169.

鲍方名.药品微生物实验室高压蒸汽灭菌锅的规范化使用[J].化工与医药工程,2017,38 (01):45 - 47.

宁信,张锐,王满意,翟春红.高校实验室压力容器技术安全管理探究[J].实验技术与管理, 2018,35(10):230 - 233.

何浏,石荣铭,陈艳,高维银.高校实验室气瓶管理问题分析[J].管理技术,2020,37(7): 51 - 54.

聂祥,李烨,徐欣欣,张金红,赵立青.高校生物实验教学中心安全管理探究[J].实验室科学. 2022,25(01):230 - 233.

5 第五部分
动物实验安全

实验动物是生物学相关实验的重要材料,在普通生物学、生理实验、药理实验、组织学实验、细胞生物学实验、免疫学实验等课程中均有应用。

最常用的实验动物为小鼠,其他还有大鼠、豚鼠、兔子、犬、鸡、蛙等。以江苏省为例,据不完全统计,江苏省 2020 年实验动物使用量达 230.03 万只,其中,小鼠 158.63 万只,大鼠 37.61 万只,豚鼠 15.27 万只,兔 9.37 万只,鸡 5.25 万只,犬 1.49 万只,猴 1.23 万只,猪 0.95 万头,其他动物 0.23 万只。

实验动物使用过程中既涉及人身安全与环境安全,又涉及伦理安全,需要分别加以防范。

5.1 实验动物使用过程的人身安全风险及防范

5.1.1 实验动物使用过程的人身安全风险

实验动物使用过程主要涉及两方面的人身安全风险:一是被实验动物咬伤或抓伤,导致各种复杂的外科伤口、可能的严重并发症以及继发细菌感染的风险,另一个是感染人畜共患病的风险。其中,最需防范的是人畜共患病。

人畜共患病的种类很多,目前已知实验动物传播的人畜共患病主要有狂犬病、出血热、禽流感、布鲁氏菌病等。

1. 狂犬病

狂犬病是一种由狂犬病毒(Rabiesvirus,RV)引起的以侵害中枢神经系统为特征的高致死性的人畜共患传染病。全球每年有 4~7 万人死于该病。该病在潜伏期没有任何症状,一旦发病,死亡率几乎是 100%。死亡前的临床症状主要表现为两种:第 1 种为狂躁型,表现为过度活跃兴奋,并伴有恐水、唾液分泌较多、吞咽困难以及心律不齐等症状,最后以心跳与呼吸停止而死亡;第 2 种为麻痹型,主要表现为肌肉逐渐麻痹,随后发展为昏迷、死亡。

全球范围内,99% 的人间狂犬病由犬引起。但狂犬病毒在自然界的储存宿主动物有食肉目动物和翼手目动物,狐、狼、豺、鼬獾、貉、臭鼬、浣熊、猫鼬和蝙蝠等也是狂犬病的自然储存宿主,均可感染狂犬病病毒成为传染源,进而感染猪、牛、羊、马等家畜。狂犬病易感动物主要有犬科、猫科及翼手目动物,禽类、鱼类、昆虫、蜥蜴、龟和蛇等不感染和传播狂犬病毒。美国疾病控制与预防中心(Centers for Disease Control and Prevention,CDC)指出,啮齿类(尤其小型啮齿类,如:花栗鼠、松鼠、小鼠、大鼠、豚鼠、沙鼠、仓鼠)和兔形目(包括家兔和野兔)极少感染狂犬病,也未发现此类动物导致人间狂犬病的证据。

狂犬病毒具有嗜神经性,进入伤口后先在被咬伤的肌肉组织中复制,然后通过运动神经元的终板和轴突侵入外周神经系统;在轴突移行期间不发生增殖,当到达背根神经节后在其内大量增殖,然后侵入脊髓和整个中枢神经系统。如无重症监护,患者会在出现神经系统症状后的 $1\sim5$ d 内死亡。病毒数量越多、毒力越强、侵入部位神经越丰富、越靠近中枢神经系统,风险越大。

按照暴露性质和严重程度将狂犬病暴露风险分为三级。Ⅰ级暴露:符合以下情况之一者:(1) 接触或喂养动物;(2) 完好的皮肤被舔;(3) 完好的皮肤接触狂犬病动物或人狂犬病病例的分泌物或排泄物。Ⅱ级暴露:符合以下情况之一者:(1) 裸露的皮肤被轻咬;(2) 无出血的轻微抓伤或擦伤(肉眼可见或酒精擦拭后有疼痛感)。Ⅲ级暴露:符合以下情况之一者:(1) 单处或多处贯穿皮肤的咬伤或抓伤("贯穿"表示至少已伤及真皮层和血管,临床表现为肉眼可见出血或皮下组织);(2) 破损皮肤被舔舐(应注意皮肤皲裂、抓挠等各种原因导致的微小皮肤破损);(3) 黏膜被动物唾液污染(如被舔舐)。

2. 流行性

流行性出血热(Hemorrhagic fever,EHF)又称肾综合征出血热(Hemorrhagic fever with renal syndrome,HFRS),症状包括发热、出血、低血压休克、少尿、多尿等,严重时会导致死亡。

该病由汉坦病毒感染引起及传播,其主要的储存宿主和传染源为黑线姬鼠、田鼠和小家鼠,人、大鼠、小鼠、豚鼠和兔均易感。国内多次发生因实验动物携带病原而导致的人感染。这几类病均有案例发生于使用实验动物过程中。如2001 年 6 月,北京一个高校因使用不合格实验动物和实验不规范致使流行性出血热感染研究人员,导致 700 多名师生紧急预防接种;2002 年 11 月,湖北省药检学校的一名学生接触了带出血热病毒的实验动物而感染死亡;2006 年,东北三省由于个体户繁养和长途贩运不合格实验动物致使几十名教学科研人员感染。

3. 禽流感

禽流感是一种由甲型流感病毒(Influenza A virus)引起的传染性疾病。已证实感染人的禽流感病毒亚型为 H5N1、H9N2、H7N3、H7N2、H7N7、H7N9,其中 H5N1 型病毒被证实是可以感染人的高致病性禽流感病毒。

H5N1 禽流感是一种禽类烈性传染病,鸡、鸭、鹅等家禽及野鸟、水禽等均可被感染,而且已经跨越种属障碍,感染人类,导致重症呼吸道感染及死亡。其中鸡、鸭、鹅对高致病性禽流感非常敏感,且被感染后死亡率接近 100%;截至 2019 年 6 月 24 日,全球共有 861 人感染 H5N1 禽流感病毒,感染者中有 455 人死亡,死亡率高达 52%。2004—2019 年,中国一共发生了 130 起 H5N1 禽流感疫情。

其中,2004 年和 2005 年均出现 H5N1 流行,这 2 年的疫情次数占 16 年总次数的 61.54%。2005 年 11 月,中国开始实施高致病性禽流感全面免疫制度,2006年 1 月,农业部发布高致病性禽流感等重大动物疫病免疫方案。在这些防控措施的实施下,2005 年之后 H5N1 年发病次数下降,但每年仍有零星发生。

一般认为人类任何年龄均具有易感性。人感染禽流感的途径有呼吸道、消化道以及损伤的皮肤和眼结膜。病禽咳嗽和鸣叫时喷射出带有 H5N1 病毒的飞沫有可能导致经呼吸道的感染;进食病禽的肉及其制品、禽蛋,病禽污染的水、食物,用病禽污染的食具、饮具,或用被污染的手拿东西吃,有可能导致经消化道的感染;损伤的皮肤和眼结膜也容易感染 H5N1 病毒。

现有的季节性流感疫苗不能预防高致病性禽流感病毒感染,因此,应尽可能避免有风险的接触。

4. 布鲁氏菌病

布鲁氏菌病(brucellosis),是一种人畜共患性全身传染病,简称"布病",又有地中海弛张热、马耳他热、波浪热等称谓。该病是我国《传染病防治法》规定的乙类传染病,自新中国成立开展疫情监测以来,一直是我国主要监测的人畜共患传染病之一。该病病原为布鲁氏菌(Brucella),是一种可以在细胞内寄生的革兰氏阴性球杆菌,是世界公认的引起实验室人员感染的最常见病原菌之一。全球范围内,无论布病流行区还是非流行区,均发生过布鲁氏菌感染实验室人员事件。

人类感染后临床表现为:(1) 发热:典型病例表现为波状热,常伴有寒颤、头痛等症状,可见于各期患者。部分病例可表现为低热和不规则热型,且多发生在午后或夜间。(2) 多汗:急性期病例出汗尤重,可湿透衣裤、被褥。(3) 肌肉和关节疼痛:为全身肌肉和多发性、游走性大关节疼痛。部分慢性期病例还可有脊柱(腰椎为主)受累,表现为疼痛、畸形和功能障碍等。(4) 乏力:几乎全部病例都有此表现。(5) 肝、脾及淋巴结肿大:多见于急性期病例。(6) 其他:男性病例可伴有睾丸炎,女性病例可见卵巢炎;少数病例可有心、肾及神经系统受累表现。

人布病的主要传染源是羊,羊种菌可引起人间布病暴发流行。其他传染源有牛、猪及犬、鹿、骆驼、马等。据中国兽医药品监察所监测,我国从南到北,犬群普遍存在布鲁氏菌病,南方犬布鲁氏菌阳性率在 20% 左右,北方牧区阳性率可达 90% 以上。

布鲁氏菌的来源有带菌动物皮毛、内脏、血液、体液、乳汁等,侵入人体的途径有破伤皮肤、眼结膜、消化道、呼吸道等。

除了上述几种人畜共患病,实验动物和人之间的共患病还有:(1) 小白鼠、大鼠、豚鼠等啮齿类动物由鼠疫耶尔森菌引起的鼠疫、念珠状链杆菌或小螺菌引起的鼠咬热、疏螺旋体引起的蜱传回归热、莫氏立克次体引起的鼠型斑疹伤寒、鼠伤寒沙门氏菌引起的伤寒、伯氏疏螺旋体引起的莱姆病、淋巴细胞脉络丛脑炎病毒(LCMV)引起的淋巴细胞脉络丛脑炎、贝氏柯克斯立克次体引起的 Q 热等。(2)鸟类传播的人畜共患病多数为无临床症状或自限性的,偶尔也会出现严重疾病。鸟类相关病原体引起人类呼吸系统或肺部疾病的有:鹦鹉热、禽流感、组织胞浆菌病、新城疫等;引起胃肠系统症状的有:沙门氏菌感染、弯曲杆菌病、贾第鞭毛虫病等;引起皮肤症状的有:丹毒丝菌病及一些由鸟类传播的皮肤病等。(3)犬还是尼帕病毒、钩端螺旋体、伯氏疏螺旋体、多杀性巴斯德菌、土拉弗朗西斯菌、沙门氏菌、弯曲杆菌等的自然宿主、中间宿主或传染源。(4)兔:兔疥螨是我国家兔常见的寄生虫,该虫通过接触传播,可引起人称为疥疮的皮肤病,患者发病部位除上肢外,躯干及下肢也有皮疹。(5)蛙类病原体也有细菌、病毒、真菌和寄生虫,其中也存在可感染人的病原菌,如嗜水气单胞菌,可感染人而引发腹泻、食物中毒、继发感染。

5.1.2 实验动物使用过程涉及的人身安全风险防范

《高等学校实验室安全检查项目表(2021)》要求:(1)实验动物需从有生产或销售资质的单位购买,并且有合格证明。(2)用于解剖的实验动物需经过检验检疫合格。(3)实验动物应饲养在有资质证书的场所。(4)解剖实验动物时必须做好个人安全防护。

个人防护可归结为三大方面:一防被咬伤,主要通过采取正确的动物抓取、保定方法;二防病原微生物通过呼吸道、消化道及损伤的皮肤入侵,措施包括按规定(GB/T 29510—2013)穿戴防护工作服、口罩、帽子、手套、鞋套和防护面罩等;尤其是利用犬开展实验动物教学的单位,需要谨防学生在实验中被犬咬伤,以及避免身上有伤口的学生进行犬类的实验教学活动。三防操作过程中,手术刀等实验用具随意放置。

5.2 实验动物使用过程中的涉及的环境安全风险及防范

5.2.1 实验动物使用过程中的涉及的环境安全风险

在实验动物使用过程中,实验动物脱落物、排泄物、垫料、解剖产生的血液、体液、内脏及动物尸体,如处理不当,都可能污染环境。血液或体液进入水池有可能污染地下水,动物尸体扔进垃圾桶,其他动物循气味接触尸体有可能导致感染,进而可能传给人类;随意掩埋实验动物尸体,有可能导致动物尸体被野狗、野猫、老鼠等刨出,导致实验动物携带的病原体扩散,影响社会公共卫生安全。

5.2.2　实验动物使用过程中的涉及的环境安全风险防范

为避免实验动物有害物质扩散,保护人员、动物和环境安全,风险防范措施应覆盖动物饲养、解剖及废弃物处理等环节。

GB 14925—2010(《实验动物环境与设施》)第 7 部分,对实验动物污水、废弃物及动物尸体处理做了要求。其中的 7.2、7.3、7.4 属于强制性标准,内容归纳为:实验动物废垫料应集中做无害化处理。一次性工作服、口罩、帽子、手套及实验废弃物应按医院污物处理规定进行无害化处理。注射针头、刀片等锐利物品应收集到锐器盒中集中处理;动物尸体及组织需装入专用尸体袋中存放入尸体冷藏柜(间)的冰柜内,集中做无害化处理;感染动物实验室所产生的废水、废弃物、尸体及组织均需经高压灭菌后再传出实验室作相应处理。

进行感染动物实验过程中,应及时清理废弃物和实验台面,以降低液体飞溅和气溶胶形成;离开实验现场时,实验人员应脱去手套并彻底洗手、淋浴后再离开,避免感染性物质被带出实验室。

5.3　实验动物使用过程涉及的动物伦理安全风险及防范

5.3.1　实验动物使用过程涉及的动物伦理安全风险

动物是有感觉的,带给动物痛苦的行为是恶的行为,会受到道德谴责,严重时还会触犯法律。

世界上已有 100 多个国家先后建立了涉及动物福利的管理法规。例如,英国 1822 年就通过了《禁止虐待动物法令》(也称《马丁法令》),美国 1966 年正式由参众两院通过的《动物福利法》,我国科技部先后制订发布了《实验动物管理条例》(1988 年制订,2011、2013、2017 年修订)、《关于善待实验动物的指导性意见》(2006)、《国家科技计划实施中科研不端行为处理办法(试行)》(2006 制订),中国合格评定国家认可中心(CNAS)会同北京市实验动物管理办公室、中国人民解放军军事医学科学院实验动物中心、中国医学科学院医学实验动物研究所、上海实验动物研究中心、北京实验动物研究中心、中国食品药品检定研究院、中国科学院昆明动物研究所、广东省实验动物监测所、广东出入境检验检疫局、北京大学实验动物中心等单位学者和专家共同编写发布了《实验动物机构、质量和能力的通用要求》(国标 GB/T 27416—2014)。在《国家科技计划实施中科研不端行为处理办法(试行)》中,明确将"违反实验动物保护规范"列为六种科研行为不端问题之一。

因此,在使用实验动物过程中应该善待实验动物,保障动物福利;在必须要处死实验动物时,须按照人道主义原则实施安死术。

所谓动物福利,是指采取各种措施避免对动物不必要的伤害,防止虐待动物,使动物在健康、舒适的状态下生存。满足动物的需求(维持生命、健康、舒适)是动物福利的首要原则。动物福利的基本原则包括:享有不受饥渴的自由;享有生活舒适的自由;享有不受痛苦伤害和疾病的自由;享有生活无恐惧和悲伤感的自由;享有表达天性的自由。我国科技部制订发布的《实验动物管理条例》从饲料、饮水、垫料等方面体现了动物福利思想。要求给实验动物必须饲喂质量合格的全价饲料,不得将霉烂、变质、虫蛀、污染的饲料用于饲喂实验动物;直接用作饲料的蔬菜、水果等,要经过清洗消毒,并保持新鲜;一级实验动物的饮水,应当符合城市生活饮水的卫生标准;二、三、四级实验动物的饮水,应当符合城市生活饮水的卫生标准并经灭菌处理;实验动物的垫料应当按照不同等级实验动物的需要,进行相应处理,达到清洁、干燥、吸水、无毒、无虫、无感染源、无污染。

关于安死术,在《关于善待实验动物的指导性意见》(中华人民共和国科技部,2006)附则中的定义是:用公众认可的、以人道的方法处死动物的技术。其含义是使动物在没有惊恐和痛苦的状态下安静地、无痛苦地死亡。国标 GB/T 274162014《实验动物机构、质量和能力的通用要求》中的描述是:以迅速造成动物意识丧失而致身体、心理痛苦最小之处死动物的方法。我国国家市场监督管理总局联合国家标准化管理委员会发布的《实验动物安乐死指南》(GB/T 39760—2021)中对实验动物安死术的具体方法提出了要求。

在《关于善待实验动物的指导性意见》第二十七条列举了虐待实验动物的具体情形及处理办法。涉及使用的情节包括:(1)非实验需要,挑逗、激怒、殴打、电击或用有刺激性食品、化学药品、毒品伤害实验动物的;(2)非实验需要,故意损害实验动物器官的;(3)玩忽职守,致使实验动物设施内环境恶化,给实验动物造成严重伤害、痛苦或死亡的;(4)进行解剖、手术或器官移植时,不按规定对实验动物采取麻醉或其他镇痛措施的;(5)处死实验动物不使用安死术的。

处理办法视情节严重程度而不同,包括:批评教育、调离实验动物工作岗位、吊销单位实验动物生产或使用许可证。

5.3.2　实验动物使用过程中的涉及的伦理安全风险防范措施

（1）饲养及实验过程遵守动物福利原则，做到善待实验动物。

严格按照《实验动物管理条例》要求饲养管理动物，不做虐待实验动物的事。其中，动物饲养环境应符合 GB 19925—2010（《实验动物环境及设施》）中对于笼具、饮水、垫料等的要求。

（2）解剖实验动物前要先麻醉。

大多数的动物实验中，为了使动物免受痛苦，同时保护实验者，通常需要对实验动物进行全身麻醉。具体方法见本章的"实验动物麻醉方法"。

（3）处死实验动物时要采取安乐死的方法。

美国兽医协会（American Veterinary Medical Association，AVMA）出版的《AVMA 动物安乐死指南》在世界范围内得到普遍采用，我国也有《实验动物安乐死指南》（GB/T 39760—2021）、《RB2019 实验动物安乐死评审指南》（中国国家认证认可监督管理委员会）。具体方法见本章的"实验动物安乐死方法"。

5.4　常用实验动物抓取固定操作规范

5.4.1　小鼠和大鼠的抓取固定

大、小鼠抓取操作方法基本相同。用一只手（如右手）抓住动物尾巴、提起动物，放在粗糙面上（比如笼盖），并用一定的力度将动物向后拉紧；当动物四爪抓住粗糙面不放时用另一只手（如左手）的大拇指和食指抓住动物双耳及耳间局部皮肤（见图 5－1 左）；通过移动右手，使小鼠或大鼠背部分别靠紧左手指或手掌，

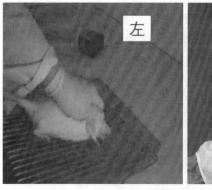
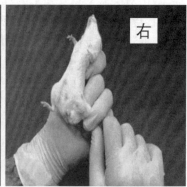

图 5－1　小鼠抓握方式

用左手中指和无名指将动物背部皮肤压在手指或手掌上,使动物背部皮肤拉紧、四肢活动受限;用左手小指将动物尾根部压住,从而减少动物尾巴的摆动,以免动物尾巴上的污物(如动物的粪便、尿液)因动物甩尾而溅到操作者身上,这样可确保操作者的卫生。抓好后的状态见图5-1右。

注意事项:

(1)捉拿和固定大鼠时常需戴帆布手套,捉拿和固定小鼠时戴一次性手套即可。原因:大鼠体型较大(往往为小鼠的10倍左右),易被激怒、凶猛(攻击性强、对操作者伤害性大)、肌肉力量大;小鼠体型和力量较小,且性情较温顺,较容易抓取和固定。

(2)抓取动物尾巴的部位不宜太靠近尾端,避免所抓动物尾部皮肤脱落。

(3)从接近尾尖处提起抓取,提起后注意不要让鼠悬空的时间过长,以免引起鼠尾表皮断开。

(4)为减小动物对粗糙面的抓力,提起动物时宜朝着动物头侧向上提起尾巴。

也有人用矿泉水瓶固定大鼠,方法:取矿泉水塑料瓶,矿泉水塑料瓶与大鼠体型接近,一般可容纳250~300 g大鼠,剪去瓶底,瓶身剪几个洞,去除瓶盖,利用鼠类爱钻洞的天性,抓住大鼠尾巴中部并稍提起,将大鼠放在笼盖或粗糙面上,实验人员一手捏住大鼠尾巴,另一手握住瓶口,瓶底面向大鼠,大鼠头朝向瓶口,钻入瓶中,捏紧瓶底,大约为大鼠腹部,即为成功捉住大鼠。

5.4.2　豚鼠的抓取和固定

先用手掌迅速扣住鼠背,抓住其肩胛上方,以拇指和食指环握颈部,另一只手托住臀部(见图5-2)。如要灌胃,将豚鼠放在直角板的水平板上,左手食指

图5-2　豚鼠抓取方法

和拇指抓取豚鼠两耳、两颊及周围皮肤将豚鼠垂直提起,使其后肢站立,身体腹侧及前肢伏靠于垂直木板,其余三指轻放于豚鼠背部。如要腹腔注射,可用两只手分别抓住豚鼠前后肢,使豚鼠侧卧。

5.4.3 兔子的抓取固定

实验兔一般为成年兔,体重2.5~4 kg。一般不会咬人,但脚爪较锐利。抓取时切记忌强抓兔的耳朵、腰部或四肢。当兔在笼内安静下来时,打开笼门,用右手抓住颈部的被毛和皮肤,轻轻把动物提起,把兔拉至笼门口,头朝外,然后迅速用左手托起兔的臀部(见图5-3),给兔子以舒适安全感。抓取耳朵、背中部、腹背部皮肤的抓取方法都是错的。从安全角度考虑,抓取兔子时,头面部与兔子的距离稍远一点,避免被不配合的兔子抓伤眼睛;不要直视兔子,避免直接抓取耳朵或颈部皮肤把它拎起来,这会让兔子感到疼痛;可先轻轻抚摸兔子约10秒钟,给兔子以安全感。

图5-3 兔子的正确抓取方法

5.4.4 犬的抓取固定

犬性情凶猛、咬人,但通人性。如果犬在动物实验前曾与实验人员有接触,受过驯养调教,抓取固定就比较容易。对受过驯养的犬抓取时,实验人员应弯下膝盖,一只胳膊绕着它的胸部,另一只胳膊绕着后肢的大腿,两只胳膊一起绕着将犬抱起。

抓取比较凶猛的犬时,可使用市售的夹狗钳(或称捕狗器)(见图5-4)夹住犬颈部,然后用狗嘴套(见图5-5)套在嘴上;麻醉后用绷带捆住犬的四肢,固定在实验台上。使用夹狗钳时注意不要夹伤嘴或其他部位。

图5‑4　夹狗钳

图5‑5　狗嘴套

5.5　实验动物麻醉方法

实验动物麻醉分全身性麻醉和局部麻醉。

5.5.1　全身性麻醉

全身麻醉剂从物理性质上可分为挥发性麻醉剂和非挥发性麻醉剂,从麻醉途径上可分为吸入性麻醉剂、静脉注射麻醉剂和肌内注射麻醉剂,麻醉剂的作用机制有中枢抑制(乙醚)、镇静催眠(巴比妥类)、镇痛(氯胺酮)。

挥发性麻醉剂如氟烷、甲氧氟烷、异氟醚、安氟醚、七氟醚、地氟醚甲氧氟烷等,用于作为吸入性麻醉剂,优点有作用迅速、恢复快,对大多数动物麻醉深度可控、麻醉作用稳定。但该类麻醉剂需要专门的设备,无法使用鼻罩的大动物还需要气管插管,这对使用人员的操作技术提出了较高的要求;其次吸入性麻醉药普遍具有挥发性强的特点,麻醉气体的泄漏会对操作人员带来一定的职业安全隐患。目前广泛使用的是异氟烷,为无色透明的液体,不易燃烧,化学性质稳定,诱导、恢复和麻醉快速,吸入后80%以上以原形随呼气排出,体内代谢少,因此,对药物代谢和毒理学实验的干扰小。麻醉时有一定的肌松作用,不影响心肌收缩力,对肝、肾、脑也无不良影响。深麻醉时,能引起呼吸抑制。北京农学院动物科学技术学院张肇南等(2020)研究发现,异氟烷浓度为2.5%~3.5%时麻醉效果最佳,可广泛用于豚鼠等小型动物的试验操作。

非挥发性麻醉剂如巴比妥类、氯胺酮等,为静脉注射麻醉剂,速眠新、速麻安、安定等为肌内注射麻醉剂。这类麻醉剂优点是不需要额外的机器进行辅助,不需要气管插管,实验人员没有职业健康方面的担忧。缺点主要有两点:一是注射类全身麻醉药多属于管制药物,购买程序繁复、周期长,管理要求严;二是注射类全身麻醉药使用过程中动物血药浓度很难实时检测,动物生理状态难以控制,容易发生意外情况。

巴比妥类药物镇静作用好,但小剂量使用时(如用50 mg/kg戊巴比妥钠IP麻醉小鼠时)镇痛效果差,增加麻醉剂量(如用70 mg/kg戊巴比妥钠IP麻醉小鼠时)虽可以提供足够的镇痛作用,但与之相关的死亡率风险和血流动力学不稳定性增加。因此,巴比妥类药物通常只适合终末阶段大剂量使用,并且不准用于疼痛控制,除非和阿片类或非甾体类抗炎药共同使用。

卢晓等人(2022)在《常用实验动物全身性麻醉药物的使用》一文中,对实验动物常用的几种麻醉药的优缺点进行了比较,具体见表5-1。

表5-1 几种常用麻醉药的优缺点比较

麻醉药名称	优点	缺点
戊巴比妥钠	使用方便;价格便宜;易于储存;麻醉起效快;麻醉持续时间较长	管制药物,购买困难;注射部位刺激;镇痛效果微弱;心肺系统抑制明显;安全范围窄
氯胺酮	价格便宜;使用方便;安全范围广;镇痛效果好;对心肺系统抑制不明显	管制药物,购买困难;分离麻醉,腺体分泌增加;注射部位有一定刺激性
舒泰-50	非管制药物;使用方便;有一定的镇痛效果;对心肺系统的抑制不明显	价格较高;适用的种属范围小;麻醉时间较短

麻醉药名称	优点	缺点
阿佛丁	非管制药物;使用方便;麻醉时间短,麻醉起效快	非药品级药物,配制需要有明确规范要求(pH、无菌、热原控制、均一性等);不耐储存,现配现用;心肺抑制明显;注射部位刺激严重;安全范围窄
丙泊酚	非管制药物;体内代谢速率快	只能静脉缓慢滴注;维持麻醉的时间短;镇痛效果微弱
水合氯醛	非管制药物	非药品级药物,配制需要有明确规范要求(pH、无菌、热原控制、均一性等);代谢产物为强致癌物;对注射部位刺激严重;镇痛效果微弱;心肺系统抑制明显;多个组织器官有明显毒性
乌拉坦	非管制药物	非药品级药物,配制需要有明确规范要求(pH、无菌、热原控制、均一性等);强致癌物;心肺系统抑制明显;有职业健康隐患;麻醉剂量下,对组织器官有明显毒性
右旋美托嘧啶	非管制药物;麻醉起效快;有镇痛效果;心肺系统抑制不明显	价格较高;适用的种属范围小
异氟烷	非管制药物;安全范围广;麻醉起效快,苏醒快;种属适用范围广;麻醉剂量下,肝肾毒性小;麻醉效果一致性好	需要特制的挥发罐
乙醚	非管制药物	需要特制的挥发罐;爆炸危险性高;有职业健康隐患;清除率慢

卢晓等人(2022)还综合已有文献提出,氯胺酮联合赛拉嗪或美托嘧啶是啮齿类动物注射麻醉的首选,认为其中一个明显优点就是联合用药的麻醉效果可以被咪唑克生(Idazoxan)、育亨宾(Yohimbine)或阿替美唑(Atipamezole)逆转。

对于小鼠,氯胺酮联合右旋美托嘧啶,腹腔注射推荐用量 75/0.5 mg/kg;舒泰-50 联合赛拉嗪,腹腔注射推荐用量 80/20 mg/kg。

对于大鼠,舒泰-50 联合赛拉嗪,腹腔注射推荐用量 60/6 mg/kg;舒泰-50,静脉注射和肌肉注射推荐用量 40~50 mg/kg。

对于兔子,氯胺酮联合赛拉嗪,肌肉注射推荐用量 35/5 mg/kg;舒泰-50 联合赛拉嗪,肌肉注射推荐用量 15/5 mg/kg。

对于犬,丙泊酚,静脉注射推荐用量 $0.2\ mg \cdot kg^{-1} \cdot min^{-1}$;舒泰-50,肌肉注射推荐用量 $7.5 \sim 25\ mg/kg$。

5.5.2 局部麻醉

局部麻醉药能局部阻断神经传导,而不破坏神经组织。实验中使用的局部麻醉药有酯类和酰胺类。酯类局麻药包括普鲁卡因、氯普鲁卡因等;酰胺类局麻药有利多卡因、布比卡因等。

1) 普鲁卡因(Procaine):属短效脂类局麻药,毒性较小,对黏膜的穿透力弱;一般不用于表面麻醉,常局部注射用于浸润麻醉、传导麻醉、蛛网膜下腔麻醉和硬膜外麻醉。应用浓度一般 $0.5\% \sim 1.0\%$,注射给药后 $1 \sim 3$ 分钟起效,可维持 $30 \sim 45$ 分钟。

2) 利多卡因(Lidocaine):中效局麻药,作用较普鲁卡因强,维持时间较长,且有较强的组织穿透性和扩散性。$0.25\% \sim 0.5\%$ 局部浸润麻醉起效时间 $1 \sim 5$ 分钟,时效 $90 \sim 120\ min$。

5.6 实验动物安乐死方法

5.6.1 基本原则

尊重生命、快速少疼、守法合规、方法正确、人员培训、场所适当、死亡确认。

5.6.2 方法选择

《RB2019 实验动物安乐死评审指南》规定了安乐死方法的选择原则:顺序使用国际标准、区域标准或国家标准发布的方法,或由权威行业组织或由有关科技书籍或期刊中公布的方法。机构也可使用自己开发或修改的方法(6.2.1.1)。应使动物未感到恐惧或紧迫感的状态下迅速丧失意识,并且使动物历经最少表情变化、声音变化和身体挣扎,令旁观者容易接受以及对操作人员安全(6.2.1.2)。

《AVMA 动物安乐死指南》目前已出版 9 版,最新版 2020 年出版。2020 版从方法、技术、药物等方面进行了补充和修改。在可采用的安乐死方法中,该《指南》将安乐死方法分为可接受的安乐死方法和条件性接受安乐死方法。所谓可接受的安乐死方法是指通过单一方法即可保障人道地实施动物安乐死,通常为动物的首选安乐死方法。而条件性接受安乐死方法是指需要在满足一定前提条件下,才能够保证人道地实施动物安乐死的方法。例如:一些方法在应用时可能操作者失误率较高或存在安全隐患,也有一些可能是没有足够科学文献支持的安乐死方法,或者某种需要辅助手段才能确保动物死亡的方法,均被称为条件性接受安乐死方法。当条件性接受方法所需的必要条件都满足时,条件性接受安乐死方法即等同于可接受的安乐死方法。

在我国《实验动物安乐死指南》(GB/T 39760—2021)中,将实验动物致死方法分为建议使用、不推荐使用和不得使用三种。最好用建议使用方法处死实验动物。

5.6.3　我国《实验动物安乐死指南》建议使用的实验动物安乐死方法

表 5-2 综合了《实验动物安乐死指南》GB/T 39760—2021 附录 A 表 A.1 和附录 B 表 B.1 中建议使用的方法。

表 5-2   实验动物常用安乐死方法

动物种类	<14 日龄且体重<200 g 的啮齿动物	200 g~1 000 g 的啮齿类动物/兔	兔	犬
静脉注射巴比妥类药物注射液	建议使用	建议使用	建议使用	建议使用
腹腔注射巴比妥类药物注射液	建议使用	建议使用	建议使用	
CO_2	建议使用	建议使用	建议使用	
先麻醉后采血(放血)致死	建议使用	建议使用	建议使用	建议使用
先麻醉后静脉注射氯化钾	建议使用	建议使用	建议使用	建议使用
先麻醉,后断颈	建议使用	建议使用		
先麻醉,后颈椎脱臼	建议使用	建议使用		
清醒中颈椎脱臼	建议使用			
氟烷、甲氧氟烷、异氟醚、安氟醚、七氟醚、地氟醚	建议使用	建议使用		

除了表 5-2 的方法,《指南》附录 B 表 B.1 中,对 1~6 日龄的啮齿类动物,推荐应用麻醉后断颈、低温麻醉后断颈(头)、清醒中断颈(头)的方法;对 7~14 日龄的啮齿类动物,推荐应用戊巴比妥类药物 100~150 mg/kg 腹腔注射或静

脉注射或吸入 CO_2、氟烷、甲氧氟烷、异氟醚、安氟醚、七氟醚、地氟醚或麻醉后断颈的方法。

以往曾采用的诸如空气栓塞、溺毙、饥饿、活体甲醛溶液注射等非人道的方法处死脊椎动物都是不可接受的动物处死方法。

5.6.4　各种动物安乐死方法使用要求

5.6.4.1　药物注射法安乐死要求

大剂量的安乐死药物必须通过心内注射，或静脉给予，不可采用肌肉内注射、皮下注射等其他方式给予，以避免药物引起的疼痛反应。

5.6.4.2　气体吸入法安乐死要求

吸入性气体广泛用于实验啮齿类动物的安乐死。但此类方法通常不能使动物立即失去意识。动物从接触气体到丧失意识的时间长短取决于气体置换率、容器的容积以及气体浓度。如二氧化碳充盈速率过低会造成动物因呼吸困难而痛苦，二氧化碳流量过高则可能引起动物黏膜疼痛。新生的小鼠置于二氧化碳中可能 50 min 才会死亡，新生的大鼠置于二氧化碳中可能需要 35 min 才会死亡，应保障充分的暴露时间，直到动物对疼痛刺激再无反应，或者使用辅助性方法，例如脱颈椎法或断头术来确保动物死亡。

给予动物的安乐死气体必须纯净、无杂质，最好使用商业化的气体钢瓶作为气体来源，这样也便于操作人员设定合适的气体置换率。另外，用于安乐死的笼盒/空间须能使动物保持舒适状态，即不过分拥挤且没有异味。CO_2 是啮齿类动物最常用的吸入性麻醉和致死药物，适用于小鼠、大鼠、豚鼠、仓鼠等啮齿类动物。吸入 40% CO_2 时，很快达到麻醉效果，长时间连续吸入则可导致实验动物死亡。操作时，应在通风良好场所实施，以免对人造成风险。《指南》要求的方法是：先将动物放到安乐死箱内，以每分钟替换安乐死箱容积 10%～30% 的速度灌注 CO_2 于箱内，至动物不动、不呼吸、瞳孔放大，关闭 CO_2，小鼠和大鼠再观察 2～3 min，豚鼠再观察 5 min，确保动物死亡。

5.6.4.3　颈椎脱臼法要求

颈椎脱臼法又称为脱颈椎法，是通过手拉或用设备辅助拉断动物颈椎导致动物大脑失去意识直至死亡的方法。操作熟练的情况下，动物在脱颈椎后会很快失去意识；但若操作不熟练（比如断的部位不对，或操作过程脱的时间偏久），则可能造成动物不该有或较长时间的痛苦。因此，该法被归类为条件性接受的安乐死方法。该安乐死方法可被接受的原则（即先决条件）：被处死的动物体型较小,例如:体重小于 200 g 的啮齿类和小于 1 kg 的兔,且操作人员要足够熟练。按照这个要求,小鼠、大鼠、小型兔子可采取本法实施安乐死。除非特殊需要,实施颈椎脱臼法前可给予动物镇静剂,以减少动物的应激。

5.6.4.4　断头术要求

断头术是指用特制的断头装置(如闸刀),实施动物断头操作的技术。断头可以使动物在 5～30 s 即脑死亡。用于动物安乐死的闸刀,必须保持清洁,且刀片足够锋利。该法也是一种可被条件性接受的安乐死方法,条件就是定期对断头装置进行维护保养、保持刀口锋利、设备操作灵活。

5.6.5　巴比妥类药物推荐安乐死剂量

我国《实验动物安乐死指南》附录 A 表 A.2 为"巴比妥类药物推荐安乐死剂量",常用实验动物使用量见表 5-3。

表 5-3　常用实验动物巴比妥类药物推荐安乐死剂量(mg/kg 体重)

动物类别	静脉注射	腹腔注射
小鼠	>150	>150
大鼠	>150	>150
豚鼠	>120	>150
兔	>100	>150
犬	>80	>80

5.6.6　动物死亡确认方法

不管采取哪种安乐死方法,对动物实施安乐死术后,都应确认动物死亡。确认方式结合呼吸和心跳停止、反射消失和尸体僵硬等方法。如无法确认动物死亡,应实施包括放血、开胸、颈椎脱臼和断头等措施以确保动物死亡。

5.6.7　安乐死过程对动物胎儿的考虑

2020 版《AVMA 动物安乐死指南》中就胎儿意识新增了理论性的描述。认为哺乳动物胎儿在子宫中是无意识的。子宫内的低氧状态以及激素水平抑制了胎儿的意识。和人类相比,大鼠幼仔和小鼠幼仔出生时神经系统发育不成熟,并且它们的传入疼痛通路直到出生后 5～7 d 才发育完好,大脑皮质发育则更晚。因此,将母鼠安乐死后,无需再单独安乐死胎鼠。

5.7　被动物咬伤或抓伤后的处理规范

万一被可疑动物咬伤或抓伤,或是有伤口接触到实验动物的尸体、体液、血液等,应尽早进行伤口局部处理及必要时注射疫苗及被动免疫制剂。如被狂犬病可疑动物咬伤或抓伤,立即按照相应的判定原则判定暴露情况,处理规范包括伤口处理、注射狂犬疫苗及狂犬病被动免疫制剂、后续外科处置。

目的主要有两个:一是预防狂犬病等人畜共患传染病的发生,二是预防伤口继发细菌感染,促进伤口愈合和功能恢复。

5.7.1　伤口处理

主要措施是清洗和消毒。

(1) 伤口清洗:立即挤出血液,及时(最好是在咬伤后几分钟内)用20％肥皂水或0.1％新洁尔灭充分洗涤 5～10 分钟,再用清水彻底冲洗。较深伤口冲洗时,用注射器深入伤口深部进行灌注清洗,做到全面彻底。如条件允许,建议使用狂犬病专业清洗设备和专用清洗剂对伤口内部进行冲洗。

用20％肥皂液处理伤口,狂犬病死亡率可降低 35％～60％。

(2) 伤口消毒

彻底冲洗后用稀碘伏(0.025％～0.05％)、苯扎氯铵(0.005％～0.01％)或其他具有病毒灭活效力的皮肤黏膜消毒剂进行表面及伤口内部消毒。

严重的咬伤伤口(如:撕裂伤、贯通伤、穿刺伤等)应尽快到医疗机构让医生进行专业处理。如清洗或消毒时疼痛剧烈,可先给予局部麻醉。中国疾病预防控制中心制定的《狂犬病预防控制技术指南(2016 版)》中有具体处理方法。

被狂犬或可疑动物咬伤或抓伤后,清洗消毒过的伤口应尽可能暴露,不宜包扎、缝合。原因是:进行缝合或包扎,会导致伤口感染的加重和加深,狂犬病病毒也会随之进入人体,带来更大的危害。

5.7.2　注射狂犬疫苗及狂犬病被动免疫制剂

狂犬病是致死性疾病,如判定为Ⅱ级以上暴露,注射狂犬疫苗是最重要的预防措施,目的是诱发机体对狂犬病毒的主动免疫。注射的时间越早越好(要求尽可能不超过 24 小时),并要进行全程免疫。

狂犬病被动免疫制剂的作用机制是在主动免疫诱导的保护力空白区,通过在暴露部位即刻提供所需的中和抗体,中和伤口处理时残留在伤口内部的病毒,发挥快速保护效果。所有首次暴露的Ⅲ级暴露者,以及患有严重免疫缺陷、长期大量使用免疫抑制剂、头面部暴露的Ⅱ级暴露者均应使用狂犬病被动免疫制剂。被动免疫制剂应尽早使用,最好在伤口清洗完成后立刻开始。如未能及时注射,在第一剂狂犬病疫苗接种后的 7 天内均可使用。7 天后疫苗引起的主动免疫应答反应已出现,此时再使用被动免疫制剂意义不大。

5.7.3　后续外科处置

在伤口清洗、消毒,并根据需要使用狂犬病被动免疫制剂至少 2h 后,根据情况进行后续外科处置。外科处置要考虑致伤动物种类、部位、伤口类型、伤者基础健康状况等诸多因素。与普通创伤伤口相比,动物致伤伤口具有病情复杂、软组织损伤严重、合并症多、细菌感染率高等特点,目前尚无统一的外科处置规范。严重、复杂的动物咬伤伤口的后续外科处置,最好由专科医生完成。

附:某高校实验动物生物安全应急预案

第一章　总则

第一条　为有效预防、及时控制和消除发生在我校范围内的实验动物生物安全事故的危害,指导和规范生物安全工作,保障我校相关单位工作人员身体健康和生命安全,维护校园稳定和正常秩序,根据《中华人民共和国传染病防治法》《中华人民共和国国境卫生检疫法》《中华人民共和国动物防疫法》《重大动物疫情应急条例》《国家突发重大动物疫情应急预案》《国家突发公共事件总体应急预案》《江苏省实验动物管理办法》《江苏省突发实验动物生物安全事件应急预案》等法律法规和相关预案,结合我校实际,制定本预案。

第二条　应急处理工作须坚持以下原则:以人为本、预防为主;依法规范、科学防控;单位主要负责人负责、部门配合;强化监测、综合治理;快速反应、有效处置。

第三条　根据发生实验室地点、病型、例数、流行范围和趋势及危害程度,将实验动物生物安全事故划分为特别重大(Ⅰ级)、重大(Ⅱ级)和一般(Ⅲ级)三级。

(一)特别重大实验动物生物安全事故(Ⅰ级)

有下列情形之一的为特别重大实验动物生物安全事故(Ⅰ级):

1. 实验室动物发生人兽共患传染病(一类传染病),并有扩散趋势;

2. 相关的实验技术人员或工作人员受到感染并确诊;

3. 发生患有人兽共患传染病或疑似患病动物丢失事件。

(二)重大实验动物生物安全事故(Ⅱ级)

有下列情形之一的为重大实验动物生物安全事故(Ⅱ级):

1. 实验室动物发生人兽共患传染病(二类、三类传染病),并有扩散趋势,相关的实验技术人员或工作人员受到感染并确诊;

2. 在1个实验室内发生1例以上动物烈性传染病;

3. 发生患有动物烈性传染病或疑似患病动物丢失事件。

(三)一般实验动物生物安全事故(Ⅲ级)

有下列情形之一的为一般实验动物生物安全事故(Ⅲ级):

1. 实验室动物发生人兽共患传染病(四类传染病),相关的实验技术人员或工作人员受到感染并确诊;

2. 在1个实验室内发生一般动物传染病;

3. 发生患有一般动物传染病或疑似患病动物丢失事件。

第二章　应急组织体系及职责

第四条　学校成立实验动物突发生物安全事故应急小组

(以下简称"应急小组")。组长由分管校领导担任;副组长由科研管理部门、生命科学学院主要负责人担任;成员由科研管理部门、保卫部门、校医院以及涉及实验动物的学院等单位领导组成。应急小组下设办公室,挂靠在生命科学学院,主要负责联系校内具有实验动物生产许可证或实验动物使用许可证的设施单位(以下简称"有证设施单位")。

第五条　应急小组组长主要负责预案启动、紧急决策、总协调指挥;副组长同时为事件责任报告人,主要负责事件的上报;成员负责联系上级相关部门,并协调学校职能部门开展相关工作;办公室负责应急处置工作,包括及时向组长通报情况,负责后期处置工作的具体开展等。

第三章　预防机制

第六条　有证设施单位应积极做好实验及相关工作人员的生物安全培训,要求人员工作前阅读标准操作程序手册,并严格执行;保证全体人员接受过急救培训和紧急医学处理措施培训,工作人员根据可能接触的生物进行接种免疫。有证设施单位应定期　(1)检查应急装备是否正常;(2)检查生物危险物质漏出的控制程度;(3)对实验设备去污染和维护;(4)对废弃物进行灭菌处理处置。

第七条　有证设施单位应对本区域内工作人员强调安全操作管理,确保严格遵守生物安全管理制度,严格按照符合生物安全规定的标准规程进行操作。

第八条　由中心动物实验室定期对实验动物微生物学控制质量、实验动物饲养环境和动物实验环境进行检测,定期报告,形成制度。

第四章　事故报告

第九条　校内具有实验动物使用许可证的设施负责人即为该设施的实验动物生物安全责任人员。

第十条　在发现疑似动物病例或异常情况时,安全责任人员应立即组织技术力量和有关人员进行初步判断;在判定疫情后,立即上报应急小组办公室。

第十一条　报告内容应包括:事故发生的时间、地点、发病的动物种类和品种、动物来源、临床症状、发病数量、死亡数量、是否有人员感染、已采取的控制措施、报告的部门和个人、联系方式等。

第五章　应急反应

第十二条　发生实验动物生物安全事故,现场的工作人员应立即将有关情况通知应急小组组长或联络员,应急小组组长在接到通知或报告后立即启动应急预案,通知应急小组成员第一时间赶往现场。小组成员到达现场后,对现场进行事故的调查和评估,按实际情况及自己工作职责进行应急处置。

第十三条　对潜在重大生物危害性气溶胶的释出(在生物安全柜以外),现场工作人员应立即采取以下应急措施:

1. 在确保规定的压力值条件下,增加换气次数,以迅速减少污染浓度;

2. 对污染空间进行消毒后,所有人员立即有序撤离相关污染区域;并进行体表消毒,封闭实验室;

3. 确保污染空间内至少 1 个小时内不得有人员进入,以排出气溶胶和沉降较大的粒子;若实验室无中央空调排风系统,则应确保至少 24 小时内无人员进入;

4. 在醒目位置张贴"禁止进入"标志;

5. 封闭 24 小时后,按规定进行善后处理;

6. 任何现场暴露人员都应接受医学咨询和隔离观察,并采取适当的预防治疗措施。

发生传染病流行时,工作人员应对实验室内外环境采取严格的消毒、杀虫、灭鼠措施,同时封锁、隔离整个区域。经再次消毒、杀虫、灭鼠处理后方可解除隔离措施。

第十四条　发生实验动物烈性传染病时,应急小组应立即向实验动物管理和使用委员会(以下简称"动管会")报告,并视具体情况立即采取相应的措施。

第十五条　发生人畜共患病时,应急小组必须立即报市卫生防疫部门,采取紧急措施,防止疫情蔓延。对有关人员要进行严格检疫、监护和预防治疗。

第十六条　在事故发生 24 小时内,事件当事人和部门负责人以书面形式将事故经过和危险评价报告呈报组长,并记录归档;任何现场暴露人员都应接受医学咨询和隔离观察,并采取适当的预防治疗措施;应急小组立即与人员家长、家属进行联系,通报情况,做好思想工作,稳定其情绪。

第十七条 应急小组组长在此过程中对动管会和当地卫生防疫部门做进程报告,包括事件的发展与变化,处置进程、事件原因或可能因素,已经或准备采取的整改措施。同时对首次报告的情况进行补充和修正。

第六章 后期处置

第十八条 对事故点的场所、废弃物、设施进行彻底消毒,对生物样品迅速销毁;组织专家查清缘由;对周围一定距离范围内的动物和环境进行监控,直至解除封锁;应对事故涉及的当事人群进行强制隔离观察。

第十九条 事故发生后要对事故原因进行详细调查,做出书面总结,认真吸取教训,做好防范工作。事件处理结束后 10 个工作日内,应急小组组长向动管会和当地卫生防疫部门做结案报告。包括事件的基本情况、事件产生的原因、应急处置过程中各阶段采取的主要措施及其功效、处置过程中存在的问题及整改情况,并提出今后对类似事件的防范和处置建议。

第七章 附则

第二十条 本预案经××年××月××日学校会议审议通过,自颁布之日起实施。

参考文献:

American Veterinary Medical Association. AVMA guidelines on euthanasia[J]. http://www.avma. org/issues/animal_welfare/euthanasia. pdf, 2007.

Arafa A S, Hagag N M, Yehia N, et al. Effect of cocirculation of highly pathogenic avian influenza H5N1 subtype with low pathogenic H9N2 subtype on the spread of infections[J]. Avian diseases, 2012, 56(4s1): 849 - 857.

2006 年高致病性禽流感和口蹄疫等重大动物疫病免疫方案[J]. 中国家禽,2006(08):49-51.

中华人民共和国卫生部. 布鲁氏菌病诊疗指南(试行)[J]. 传染病信息,2012,25(06):323 - 324+359.

崔步云,姜海. 2005—2016 年全国布鲁氏菌病监测数据分析[J]. 疾病监测,2018,33(03): 188-192.

崔步云. 我国人间主要人畜共患病的流行及防控策略[J]. 兽医导刊,2017(17):11-13.

陈炜. 美国《Emerging Infectious Diseases》2021 年第 9 期有关人兽共患病论文摘译[J]. 中国人兽共患病学报,2021,37(11):1057-1058.

蔡亚玮,王子璇,郭明磊,陈立功,王学静,赵飞,戴美丽,张晓云.与禽有关人畜共患病的情况分析与防控[J].今日畜牧兽医,2021,37(02):26-27.

杜嘉楠,吴晨薇,叶颖萱,文艺,李婧妍,李靖,翟博宇,朱晓艺,曾祥伟.蛙类常见传染病介绍及病原学鉴定研究进展[J].今日畜牧兽医,2019,35(08):63-64.

窦歆凯.牛蛙研究现状与展望[J].知识窗(教师版),2021(03):95.

邓永,王嘉,孔冬妮,侯力丹,毛娅卿.我国宠物源人畜共患病流行现状与公共卫生安全[J].中国兽药杂志,2020,54(01):26-30.

GB 14925—2010,实验动物环境及设施[S].

GB/T 27416—2014,实验动物机构质量和能力的通用要求[S].

GB/T 29510—2013,个体防护装备配备基本要求[S].

GB/T 39760—2021,实验动物安乐死指南[S].

中华人民共和国科技部.国家科技计划实施中科研不端行为处理办法(试行)[J].中华人民共和国国务院公报,2007(28):14-16.

耿志宏,刘伟.关于实验动物设施安全检查、研发实验动物行业通用安全检查表的讨论[J].中国实验动物学报,2005(S1):39.

郝凯凯,李馨,李刚,王延峰.不同麻醉药物对牛蛙坐骨神经干动作电位传导速度的影响[J].延安大学学报(自然科学版),2015,34(01):29-32.

纪丽丽.兔子的抓取和保定方法[J].中国畜禽种业,2021,17(08):63.

加娜尔·托肯.布鲁杆菌病的防治[J].畜禽业,2021,32(10):107-108.

姜光瑶,王琦,何学令,巫波,别明江,魏小庆.实验动物与公共卫生安全的思考[J].现代预防医学,2010,37(01):64-65.

周航,李昱,陈瑞丰,陶晓燕,于鹏程,曹守春,李丽,陈志海,朱武洋,殷文武,李玉华,王传林,余宏杰.狂犬病预防控制技术指南(2016 版)[J].中华流行病学杂志,2016,37(02):139-163.

李宝兰.宠物疾病与人类健康[J].福建畜牧兽医,2020,42(06):30-32.

李丹,郭玉莹,邓昊,高珊,徐士欣.实验动物麻醉剂使用的福利伦理问题研究进展[J].中国比较医学杂志,2017,27(09):87-91.

李彦明.小议动物福利[J].畜牧兽医科技信息,2017(12):23-24.

林树柱,张连峰.宠物对人类健康的潜在威胁[J].中国比较医学杂志,2010,20(04):80-86.

刘茜,朱武洋.狂犬治疗方法及抗病毒药物应用的研究进展[J].中国人兽共患病学报,2021,37(05):444-449.

卢今,张颖,潘学营,王剑,严国锋,周晶,朱莲,陈学进,李垚,庞万勇.2020 版美国兽医协会动物安乐死指南解析[J].实验动物与比较医学,2021,41(03):195-206.

蒙晓雷,崔捷.人畜共患布鲁氏菌病的危害与防治[J].畜牧兽医科技信息,2021(06):51.

牟金凤.动物防检疫常用采血方法与注意事项[J].畜牧兽医科技信息,2021(06):45.

沈亚建.局部麻醉药及其不良反应研究进展[J].临床合理用药杂志,2011,4(15):154-155.

史晓萍,宗阿南,陶钧,王禄增.《关于善待实验动物的指导性意见》的研究[J].中国医科大学学报,2007(04):493.

中华人民共和国科学技术委员会.实验动物管理条例[J].实用器官移植电子杂志,2016,4(02):66-67.

汪晖,沈智,庞万勇.浅论与实验动物相关的职业健康安全与人畜共患病[J].中国比较医学杂志,2010,20(04):1-4+18.

汪娜,尹家祥.肾综合征出血热流行过程及其影响因素研究进展[J].中国血吸虫病防治杂志,2022,34(02):200-203+211.

卫小萌,张娟,李明涛,裴鑫.中国 H5N1 禽流感时空分布特征研究[J].中华疾病控制杂志,2021,25(11):1314-1319.

薛剑,薛婧雯.畜牧兽医实验室实验动物人畜共患病的防控[J].黑龙江畜牧兽医,2016(04):199-200.

夏咸柱,高玉伟,王化磊.实验动物与人兽共患传染病[J].中国比较医学杂志,2011,21(Z1):2-12.

杨勇,朴东日,施旭光,赵鸿雁,杨章女,李兰玉,吴蓓蓓,张严峻,姜海,蒋健敏,梅玲玲.实验室感染布鲁氏菌病的预防与控制[J].疾病监测,2021,36(11):1203-1206.

杨守明,王民生.嗜水气单胞菌及其对人的致病性[J].疾病控制杂志,2006(05):511-514.

雍玮,乔梦凯,石利民,王璇,何敏,丁洁.一株人感染高致病性禽流感(H5N1)病毒基因组分子特征分析[J].微生物学通报,2019,46(11):3058-3069.

赵国有,林滢,于维森.高致病性禽流感病毒 H5N1 核酸检测的风险评估[J].中国卫生检验杂志,2021,31(19):2431-2433.

全国人民代表大会常务委员会.中华人民共和国动物防疫法[J].畜牧产业,2021(09):5-16.

钟为铭,陈康勇,彭芳,高志鹏.中国蛙类疾病病原学研究进展[J].水产学杂志,2018,31(03):55-60.

张肇南,蔡丽蓉,沈静,凌珊,童津津,张华*.小型动物异氟烷吸入麻醉装置及其在豚鼠的作用[J].北京农学院学报,2020,35(2):34-38.

张福奎.常用局部麻醉技术[J].中国临床医生.2011,39(02):58-60.

赵勇俊,郭小雁.加强高校实验室危险化学品安全管理工作的策略研究——评《高等学校实验室安全检查项目表(2022 年)》[J].化学工程,2022,50(05):4-5.

郑燕,厉旭云,高铃铃,方瑜,于晓云.动物实验中贯彻动物福利的探讨[J].基础医学教育.2022,24(06):431-435.

6 第六部分
微生物实验室生物安全

　　"实验室生物安全"一词用来描述那些用以防止发生病原体或毒素无意中暴露及意外释放的防护原则、技术以及实践(WHO《实验室生物安全手册》)。

　　20世纪50—60年代,美国建成了世界上最早的生物安全实验室;80年代初,美国出版了《基于危害程度的病原微生物分类(Classification of etiological agents on the basis of hazard)》,首次提出将病原微生物和实验室活动分为四个等级的概念;1983年,美国国立卫生研究院(National Institutes of Health, NIH)和美国疾病控制与预防中心(Centers for Disease Control and Prevention, CDC)出版了《微生物和生物医学实验室生物安全手册(Biosafety in microbiological and biomedical laboratories)》,世界卫生组织(WHO)出版了第1版《实验室生物安全手册(Laboratory biosafety manual)》,使生物安全实验室按四个等级进行分类得到了国际承认,生物安全实验室的建设也有了基本统一的标准。《实验室生物安全手册》1993、2004年分别出版第2、3版。

　　我国生物安全实验室建设起步于20世纪80年代后期。自2004年中国疾病预防控制中心发生了SARS病毒实验室感染事件后,引起了各级政府和卫生行政部门的高度重视,陆续出台了一系列有关实验室生物安全的法律法规及规范管理性文件,如《病原微生物实验室生物安全管理条例》(中华人民共和国国务院,2004年发布,2016年、2017年、2018年修订)、《微生物和生物医学实验室生物安全通用准则》(中华人民共和国国家卫生健康委员会,2003年)、《实验室生物安全通用要求》(全国认证认可标准化技术委员会,2004年发布,2008修订)、GB 50346—2004《生物安全实验室建筑技术规范》(中华人民共和国建设部、中华人民共和国国家质量监督检验检疫总局,2004年)、《中华人民共和国传染病防治法》(中华人民共和国全国人民代表大会常务委员会,1989年发布,2004年、2013年、2020年修订)、《中华人民共和国生物安全法》(中华人民共和国全国人民代表大会常务委员会,2020)、《人间传染的病原微生物名录》(中华人民共和国卫生部,2006年)、《可感染人类的高致病性病原微生物菌(毒)种或样本运输管理规定》(中华人民共和国卫生部,2006年)、《人间传染的高致病性病原微生物实验室和实验活动生物安全审批管理办法》(中华人民共和国卫生部,2006年)、《人间传染的病原微生物菌(毒)种保藏机构管理办法》(中华人民共和国卫生部,2009年)、《兽医实验室生物安全管理规范》(中华人民共和国农业部,2003年)、《动物病原微生物分类名录》(中华人民共和国农业部,2005年)、《高致病性动物病原微生物实验室生物安全管理审批办法》(中华人民共和国农业部,2005年)、《动物病原微生物实验活动生物安全要求细则》(中华人民共和国农业部,2008年)、《动物病原微生物菌(毒)种保藏管理办法》(中华人民共和国农业部,2008

年)、《兽医实验室生物安全要求通则》(NY/T1948—2010)(中华人民共和国农业部,2008 年)、《病原微生物实验室生物安全环境管理办法》(中华人民共和国环境保护部,2006 年)等,足以看出国家对生物安全的重视,也可以看出,生物安全的防控重点是病原微生物。

微生物是现代生命科学、医学、生态学、遗传学等学科的重要研究对象,也是现代分子生物学、基因工程、生物技术的重要工具,生物实验广泛涉及。在涉及微生物的实验中,存在被病原微生物感染人的风险、病原微生物污染环境的风险以及违背微生物实验相关法规受罚的风险等。了解病原微生物相关知识与法规,有助于规避安全风险。

6.1 病原微生物的分类标准及种类

《病原微生物实验室生物安全管理条例》(中华人民共和国国务院,2004)第二章第七条指出,国家根据病原微生物的传染性、感染后对个体或者群体的危害程度,将病原微生物分为四类。

第一类病原微生物,是指能够引起人类或者动物非常严重疾病的微生物,以及我国尚未发现或者已经宣布消灭的微生物。

第二类病原微生物,是指能够引起人类或者动物严重疾病,比较容易直接或者间接在人与人、动物与人、动物与动物间传播的微生物。

第三类病原微生物,是指能够引起人类或者动物疾病,但一般情况下对人、动物或者环境不构成严重危害,传播风险有限,实验室感染后很少引起严重疾病,并且具备有效治疗和预防措施的微生物。

第四类病原微生物,是指在通常情况下不会引起人类或者动物疾病的微生物。

第一类、第二类病原微生物统称为高致病性病原微生物。

中华人民共和国卫生部,根据《病原微生物实验室生物安全管理条例》(2004)的规定,2006 年组织制订了《人间传染的病原微生物名录》,收录病毒 160种、致病性细菌、放线菌、衣原体、支原体、立克次体、螺旋体 155 种,真菌 59 种、朊病毒蛋白(Prion)6 种。

6.2 实验室生物安全防护水平分级及管理要求

《病原微生物实验室生物安全管理条例》(中华人民共和国国务院,2004,

2016,2017,2018)、《微生物和生物医学实验室生物安全通用准则》（中华人民共和国国家卫生健康委员会,2003)、《GB 19489—2008 实验室生物安全通用要求》（全国认证认可标准化技术委员会,2008)等都有实验室生物安全防护水平分级的相关内容。

《病原微生物实验室生物安全管理条例》第三章,实验室的设立与管理第十八条,国家根据实验室对病原微生物的生物安全防护水平,并依照实验室生物安全国家标准的规定,将实验室分为一级、二级、三级、四级。

《GB 19489—2008 实验室生物安全通用要求》中,根据对所操作生物因子采取的防护措施,对实验室生物安全防护水平进行分级。英文简写包括 BLS 和 ABLS,前者全文为 bio-safety level,后者全文为 animal bio-safety level;前者表示仅从事体外操作的实验室的相应生物安全防护水平,后者表示包括从事动物活体操作的实验室的相应生物安全防护水平。通常分为四级。一级防护水平最低,四级防护水平最高。

一级(BLS-1,ABLS-1):适用于操作在通常情况下不会引起人类或者动物疾病的微生物。

二级(BLS-2,ABLS-2):适用于操作能够引起人类或者动物疾病但一般情况下对人、动物或者环境不引起严重危害,传播风险有限,实验室感染后很少引起严重疾病,并且具备有效治疗和预防措施的微生物。

三级(BLS-3,ABLS-3):适用于操作能够引起人类或者动物严重疾病,比较容易直接或者间接在人与人、动物与人、动物与动物间传播的微生物。

四级(BLS-4,ABLS-4):适用于操作能够引起人类或者动物非常严重疾病的微生物,以及我国尚未发现或者已经宣布消灭的微生物。

《微生物和生物医学实验室生物安全通用准则》第五条关于"实验室的分类、分级及适用范围"中,先根据是否使用脊椎动物和昆虫,将实验室分为二类。一类为"一般生物安全防护实验室",不使用实验脊椎动物和昆虫;二类为"实验脊椎动物防护实验室"。每类生物安全防护实验室又根据所处理的微生物及其毒素的危害程度分为四级。一级生物安全防护要求最低,四级生物安全防护要求最高。

一级生物安全防护实验室,适用于对健康成年人已知无致病作用的微生物;二级生物安全防护实验室适用于对人和环境具有中等潜在危害的微生物;三级生物安全防护实验室适用于主要通过呼吸途径使人传染上严重的甚至是致死疾病的致病微生物及其毒素,通常已有预防的疫苗;四级生物安全防护实验室适用于对人体具有高度的危险性,通过气溶胶途径传播或传播途径不明,目前尚无有效的疫苗或治疗方法的致病微生物及其毒素。与上述情况类似的不明微生物，也必须在四级生物安全实验室中进行。

我国生物安全四级实验室仅有 1 个，即湖北武汉 BSL‐4 病毒实验室（中国科学院武汉国家生物安全实验室）；生物安全三级实验室有 40 多个，属于高校系统不到 10 个；高校从事微生物研究与教学的实验室主要为生物安全一级和二级实验室，为"非高等级病原微生物实验室"。

其中用于教学的普通微生物实验室为一级生物安全防护实验室（BLS‐1），只能从事已知对健康成年人无致病作用的微生物实验。

《中华人民共和国生物安全法》规定：从事病原微生物实验活动应当在相应等级的实验室进行。低等级病原微生物实验室不得从事国家病原微生物目录规定应当在高等级病原微生物实验室进行的病原微生物实验活动。高等级病原微生物实验室从事高致病性或者疑似高致病性病原微生物实验活动，应当经省级以上人民政府卫生健康或者农业农村主管部门批准，并将实验活动情况向批准部门报告。对我国尚未发现或者已经宣布消灭的病原微生物，未经批准不得从事相关实验活动。

6.3　生物安全防护实验室的设备及用品要求

6.3.1　一般要求

《微生物和生物医学实验室生物安全通用准则》（简称《通则》）（中华人民共和国卫生部，2003）和 GB 19489—2008《实验室生物安全通用要求》中均对各级微生物实验室的安全设备提出了要求，涉及条款有 6.1.1 和 6.1.2。

《通则》对一级生物安全防护实验室的要求要点有：

（1）一般无须使用生物安全柜等专用安全设备。

（2）每个实验室应设洗手池，宜设计在靠近入口处。

（3）实验室围护结构内表面应易清洁。地面应防滑、无缝隙、不得铺设地毯。

（4）实验台表面应不透水，耐腐蚀、耐热。

（5）实验室中的家具应牢固。

（6）为易于清洁，各种家具和设备之间应保持生物废弃物容器的台（架）。

（7）实验室如有可开启的窗户，应设置窗纱。

《通则》对二级生物安全防护实验室安全设备和个体防护的要求有：

（1）可能产生致病微生物气溶胶或出现溅出的操作均应在生物安全柜（Ⅱ级生物安全柜为宜）或其他物理抑制设备中进行，并使用个体防护设备。

（2）处理高浓度或大容量感染性材料均必须在生物安全柜（Ⅱ级生物安全柜为宜）或其他物理抑制设备中进行，并使用个体防护设备。上述材料的离心操作如果使用密封的离心机转子或安全离心杯，且它们只在生物安全柜中开闭和装载感染性材料，则可在实验室中进行。

（3）当微生物的操作不能在生物安全柜内进行而必须采取外部操作时，为防止感染性材料溅出或雾化危害，必须使用面部保护装置（护目镜、面罩、个体呼吸保护用品或其他防溅出保护设备）。

（4）在实验室中应穿着工作服或罩衫等防护服。离开实验室时，防护服必须脱下并留在实验室内。不得穿着外出，更不能携带回家。用过的工作服应先在实验室中消毒，然后统一洗涤或丢弃。

（5）当手可能接触感染材料、污染的表面或设备时应戴手套。如可能发生感染性材料的溢出或溅出，宜戴两副手套。不得戴着手套离开实验室。工作完全结束后方可除去手套。一次性手套不得清洗和再次使用。

对实验室设计和建造的特殊要求有：

（1）实验室必须满足一级生物安全防护实验室的要求。

（2）应设置实施各种消毒方法的设施，如高压灭菌锅、化学消毒装置等对废弃物进行处理。

（3）应设置洗眼装置。

（4）实验室门宜带锁、可自动关闭。

（5）实验室出口应有发光指示标志。

（6）实验室宜有不少于每小时 3～4 次的通风换气次数。

GB 19489—2008《实验室生物安全通用要求》要求一级生物安全防护实验室的门应有可视窗并可锁闭，门锁及门的开启方向应不妨碍室内人员逃生；在实验室门口处应设存衣和挂衣装置，可将个人服装与实验室工作服分开放置。要求二级生物安全防护实验室除了满足一级生物安全防护实验室的要求外，门应带锁并可自动关闭。实验室的门应有可视窗。应有足够的存储空间摆放物品以方便使用。在实验室工作区域外还应当有供长期使用的存储空间。在实验室内应使用专门的工作服；应戴乳胶手套。在实验室工作区域外应有存放个人衣物的条件。在实验室所在的建筑物内应配备高压蒸汽灭菌器，并按期检查和验证，以保证符合要求。应在实验室内配备生物安全柜。应设洗眼设施，必要时应有紧急喷淋装置。应通风，如使用窗户自然通风，应有防虫纱窗。有可靠的电力供应和应急照明。必要时,重要设备如培养箱、生物安全柜、冰箱等设备用电源。实验室出口应有在黑暗中可明确辨认的标志。

所有可能使致病微生物及其毒素溅出或产生气溶胶的操作,除实际上不可实施外,都必须在生物安全柜内进行。不得用超净工作台代替生物安全柜。

6.3.2　生物安全柜

6.3.2.1　生物安全柜的定义

WHO《实验室生物安全手册(中文版)》第三版第10章关于生物安全柜的定义是:生物安全柜(Biological safety cabinets,BSCs)是为操作原代培养物、菌毒株以及诊断性标本等具有感染性的实验材料时,用来保护操作者本人、实验室环境以及实验材料,使其避免暴露于上述操作过程中可能产生的感染性气溶胶和溅出物而设计的。

《微生物和生物医学实验室生物安全通用准则》关于生物安全柜的定义是:生物安全柜是处理危险性微生物时所用的箱型空气净化安全装置。

6.3.2.2　生物安全柜的应用意义

研究证明,正确使用生物安全柜可以有效减少由于气溶胶暴露所造成的实验室感染以及培养物交叉污染。

气溶胶(aerosols)指悬浮于气体介质中的粒径一般为 $0.001\,\mu m \sim 100\,\mu m$ 的固态或液态微小粒子形成的相对稳定的分散体系。

可能产生气溶胶的操作有:摇动、倾注、搅拌液体或将液体滴加到固体表面上或另一种液体中时;在对琼脂板划线接种、用吸管接种细胞培养瓶、用加样器将感染性试剂的混悬液转移到微量培养板中、对感染性物质进行匀浆及涡旋振荡、对感染性液体进行离心以及进行动物操作。

6.3.2.3　生物安全柜主要结构组成及作用原理

生物安全柜主要结构组成有(图6-1):(1)预过滤器;(2)电源开关;(3)排风高效过滤器;(4)低噪声送风机;(5)送风高效过滤器;(6)紫外灯;(7)压差表;(8)不锈钢工作腔;(9)万向脚轮;(10)电器箱;(11)荧光灯;(12)水、气接嘴;(13)排污阀;(14)排风阀;(15)操作屏;(16)玻璃移门;(17)备用插座;(18)调整脚。

排风系统装有高效空气过滤器(High efficiency particulate air Filter,HEPA)。对于直径 $0.3\,\mu m$ 的颗粒,HEPA过滤器可以截留 99.97%,而对于更大或更小的颗粒则可以截留 99.99%。HEPA过滤器的这种特性使得它能够有

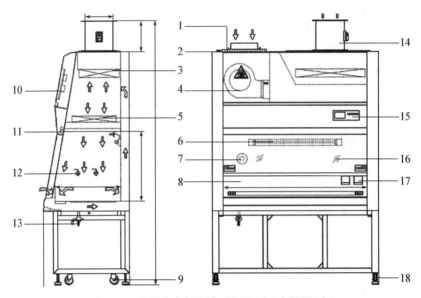

图 6-1　生物安全柜构造侧视图(左)主视图(右)

效地截留所有已知传染因子,并确保从安全柜中排出的是完全不含微生物的空气。生物安全柜还可将经 HEPA 过滤的空气输送到工作台面上,从而保护工作台面上的物品不受污染。

6.3.2.4　生物安全柜的分级及应用

按照保护类型和水平,将生物安全柜分为 3 级。

Ⅰ级生物安全柜:至少装置一个高效空气过滤器对排气进行净化,工作时安全柜正面玻璃推拉窗打开一半,上部为观察窗,下部为操作窗口,外部空气由操作窗口吸进,而不可能由操作窗口逸出。能够为人员和环境提供保护,但因未灭菌的房间空气通过生物安全柜正面的开口处直接吹到工作台面上,因此对操作对象不能提供切实可靠的保护。在个体防护前提下,可操作危险度 1~3 级微生物。

Ⅱ级生物安全柜:至少装置一个高效空气过滤器对排气进行净化,工作空间为经高效过滤器净化的无涡流的单向流空气。工作时正面玻璃推拉窗打开一半,上部为观察窗,下部为操作窗口。外部空气由操作窗口吸进,而不能由操作窗口逸出。工作状态下遵守操作规程时既可保证工作人员不受侵害,也保证实验对象不受污染。在个体防护前提下,可操作危险度 1~3 级微生物。

Ⅲ级生物安全柜:至少装置一个高效空气过滤器对排气进行净化,工作空间为经高效过滤器净化的无涡流的单向流空气,正面上部为观察窗,下部为手套箱式操作口。箱内对外界保持负压,可确保人体与柜内物品完全隔绝。针对危险度4级微生物。

6.4　微生物实验室个人防护用品

个体防护装备和防护服是减少操作人员暴露于气溶胶、喷溅物以及意外接种等危险的一个屏障。包括防护服(实验服、隔离衣、连体衣)、口罩、手套、防护帽、鞋套、塑料围裙、安全眼镜和护目镜、面罩及防毒面具等,可根据所进行工作的性质选择使用。

中国科学院脑科学与智能技术卓越创新中心BSL-2实验室生物安全手册要求所有工作人员和实验人员按照下列要求进行个人防护,才能进入实验室区域:(1) 穿好实验服,戴防护帽、口罩、手套、鞋套。实验服外穿一次性隔离服。(2) 根据实验情况使用安全眼镜、护目镜和防护面罩。离开实验室前需要安全地脱卸个人防护装备,一般脱卸顺序为:外层手套、隔离服、口罩、帽子、鞋套,最后为内层手套。离开后需要立即洗手或者手部消毒。

实验服应该能完全扣住;长袖、背面开口的隔离服、连体衣的防护效果要比实验服好,因此更适合在微生物学实验室以及生物安全柜中的工作。在必须对血液或培养液等化学或生物学物质的溢出提供进一步防护时,应该在实验服或隔离衣外面穿上围裙。

口罩佩戴时必须完全罩住鼻、口及下巴,调整金属鼻夹的形状,保持口罩与面部紧密贴合。吸气时口罩应该有塌陷状,呼气时口罩周围不应该漏气。

手套应为得到微生物学认可的一次性乳胶、乙烯树脂或聚腈类材料的手术用手套。在使用前应检查是否有穿孔或有裂缝,在生物安全柜中操作感染性物质时应该戴两副手套。在操作中,若外层手套被污染,应立即用消毒剂喷洒手套并脱下后丢弃在生物安全柜中的医疗废物盒中,并立即带上新手套继续实验;一次性手套不可再次使用,用后立即高压灭菌后丢弃。不得戴着手套离开实验室区域。戴手套的手避免触摸鼻子、面部或调整其他个人防护装备。避免触摸不必要的物体表面如灯开关、门把手等。手套尺寸应能完全遮住手及腕部,并覆盖实验服袖口。脱手套时用一手捏起另一近手腕部处的手套外缘,将手套从手上脱下并将手套外表面翻转入内;用戴着手套的手拿住该手套;用脱去手套的手指插入另一手套腕部处内面;脱下该手套使其内面向外并形成一个由两个手套组成的袋状;丢弃在高温消毒袋中并进行消毒处理。具体脱手套方法参见图6-2。

①用戴手套的手捏住另一只手套的边缘

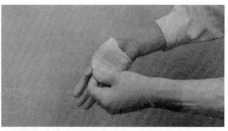

②将一只手套脱下

③戴手套的手捏住脱下的手套

④用脱下手套的手两指插入另一
手套的内面

⑤将另一只手套脱下

⑥用手捏住手套的内面将
其丢入医疗废物容器内

⑦再次进行手卫生

图6-2　脱手套流程

　　护目镜应该戴在常规视力矫正眼镜或隐形眼镜(对生物学危害没有保护作用)的外面而对飞溅和撞击提供保护。

　　面罩(面具)采用防碎塑料制成,形状与脸型相配,通过头带或帽子佩戴。

　　防毒面具中装有一种可更换的过滤器,可以保护佩戴者免受气体、蒸汽、颗粒和微生物的影响。当进行高度危险性的操作(如清理溢出的感染性物质)时,最好戴防毒面具进行自我防护。可根据危险类型选择防毒面具及配套过滤器。

6.5　一、二级生物安全防护实验室的安全操作规程

《微生物和生物医学实验室生物安全通用准则》附录 A 提出规范性要求，GB 19489—2008《实验室生物安全通用要求》附录 BB.2 中列举了生物安全实验室标准的良好工作行为，包括个人防护和环境保护指南。

6.5.1　一级生物安全防护实验室操作规程

6.5.1.1　常规微生物操作规程中的安全操作要点

1）禁止非工作人员进入实验室。参观实验室等特殊情况须经实验室负责人批准后方可进入。

2）接触微生物或含有微生物的物品后，脱掉手套后和离开实验室前要洗手。

3）禁止在工作区饮食、吸烟、处理隐形眼镜、化妆及储存食物。

4）用移液器吸取液体，禁止口吸。

5）制定尖锐器具的安全操作规程。

6）按照实验室安全规程操作，降低溅出和气溶胶的产生。

7）每天至少消毒一次工作台面，活性物质溅出后要随时消毒。

8）所有培养物、废弃物在运出实验室之前必须进行灭活，如高压灭活。需运出实验室灭活的物品必须放在专用密闭容器内。

6.5.1.2　特殊的安全操作规程

无特殊的安全操作规程。

6.5.2　二级生物安全防护实验室操作规程

6.5.2.1　常规微生物操作规程中的安全操作要点

1）与一级生物安全防护实验室中常规微生物操作规程中的安全操作要点相同。

2）实验室入口处须贴上生物危险标志（图6-3），内部显著位置须贴上有关的生物危险信息，包括使用传染性材料的名称，负责人姓名和电话号码。

图6-3　生物危险标志

6.5.2.2 特殊的安全操作规程

（1）进行感染性实验时，禁止他人进入实验室，或必须经实验室负责人同意后方可进入。免疫耐受或正在使用免疫抑制剂的工作人员必须经实验室负责人同意方可在实验室或动物房内工作。

（2）实验室入口处必须贴上生物危险标志，注明危险因子、生物安全级别、需要的免疫、负责人姓名和电话、进入实验室的特殊要求及离开实验室的程序。

（3）工作人员应接受必要的免疫接种和检测（如乙型肝炎疫苗、卡介苗等）。

（4）必要时收集从事危险性工作人员的基本血清留底，并根据需要定期收集血清样本，应有检测报告，如有问题及时处理。

（5）将生物安全程序纳入标准操作规范或生物安全手册，由实验室负责人专门保管，工作人员在进入实验室之前要阅读规范并按照规范要求操作。

（6）工作人员要接受有关的潜在危险知识的培训，掌握预防暴露以及暴露后的处理程序。每年要接受一次最新的培训。

（7）严格遵守下列规定，防止利器损伤：

1）除特殊情况（肠道外注射和静脉切开等）外，禁止在实验室使用针、注射器及其他利器。

2）尽可能使用塑料器材代替玻璃器材；尽可能应用一次性注射器，用过的针头禁止折弯、剪断、折断、重新盖帽、从注射器取下，禁止用手直接操作。用过的针头必须直接放入防穿透的容器中。非一次性利器必须放入厚壁容器中并运送到特定区域消毒，最好进行高压消毒。

3）尽可能使用无针注射器和其他安全装置。

4）禁止用手处理破碎的玻璃器具。装有污染针、利器及破碎玻璃的容器在丢弃之前必须消毒。

（8）培养基、组织、体液及其他具有潜在危险性的废弃物须放在防漏的容器中储存、运输及消毒灭菌。

（9）实验设备在运出修理或维护前必须进行消毒。

（10）人员暴露于感染性物质时，及时向实验室负责人汇报，并记录事故经过和处理方案。

（11）禁止将无关动物带入实验室。

6.5.3 生物安全实验室标准的良好工作行为

（1）在实验室工作区不要饮食、抽烟、处理隐形眼镜、使用化妆品、存放食品等；工作前，掌握生物安全实验室标准的良好操作规程。

（2）应正确使用适当的个体防护装备，如手套、护目镜、防护服、口罩、帽子、鞋等。个体防护装备在工作中发生污染时，要更换后才能继续工作。

（3）要戴手套工作。每当污染、破损或戴一定时间后，更换手套。每当操作危险材料的工作结束时，除去手套并洗手；离开实验间前，除去手套并洗手。严格遵守洗手的规程。不要清洗或重复使用一次性手套。

（4）如果有可能发生微生物或其他有害物质溅出，要戴防护眼镜。

（5）存在空气传播的风险时需要进行呼吸防护。防护口罩应适合。

（6）工作时穿防护服。离开实验室前按程序脱下防护服。用完的防护服要消毒灭菌后再洗涤。

（7）按规程小心操作，避免发生溢洒或产生气溶胶，如不正确的离心操作、移液操作等。

（8）在生物安全柜或相当的安全隔离装置中进行所有可能产生感染性气溶胶或飞溅物的操作。

（9）工作结束或发生危险材料溢洒后，要及时使用适当的消毒灭菌剂对工作表面和被污染处进行处理（参见 GB 19489—2008 附录 C）。

（10）定期清洁实验室设备。必要时使用消毒灭菌剂清洁实验室设备。

（11）不要在实验室存放或养与工作无关的动植物。

（12）所有生物危险废物在处置前要可靠消毒灭菌。需要运出实验室进行消毒灭菌的材料，要置于专用的防漏容器中运送，运出实验室前要对容器表面进行消毒灭菌处理。

6.6　微生物实验室废弃物处理要求

《病原微生物实验室生物安全管理条例》第三十八条要求，实验室应当依照环境保护的有关法律、行政法规和国务院有关部门的规定，对废水、废气以及其他废物进行处置，并制定相应的环境保护措施，防止环境污染。

GB 19489—2008 附录 BB.2 B.2.17 所有生物危险废物在处置前要可靠消毒灭菌。需要运出实验室进行消毒灭菌的材料，要置于专用的防漏容器中运送，运出实验室前要对容器表面进行消毒灭菌处理。

《病原微生物实验室生物安全环境管理办法》中涉及实验室环境安全的重要条文如下：

第十一条：实验室的设立单位对实验活动产生的废水、废气和危险废物承担污染防治责任。

第十五条:实验室必须按照下列规定,妥善收集、贮存和处置其实验活动产生的危险废物,防止环境污染:

(一)建立危险废物登记制度,对其产生的危险废物进行登记。登记内容应当包括危险废物的来源、种类、重量或者数量、处置方法、最终去向以及经办人签名等项目。登记资料至少保存 3 年。

(二)及时收集其实验活动中产生的危险废物,并按照类别分别置于防渗漏、防锐器穿透等符合国家有关环境保护要求的专用包装物、容器内,并按国家规定要求设置明显的危险废物警示标识和说明。

(三)配备符合国家法律、行政法规和有关技术规范要求的危险废物暂时贮存柜(箱)或者其他设施、设备。

(四)按照国家有关规定对危险废物就地进行无害化处理,并根据就近集中处置的原则,及时将经无害化处理后的危险废物交由依法取得危险废物经营许可证的单位集中处置。

(五)转移危险废物的,应当按照《中华人民共和国固体废物污染环境防治法》和国家环境保护总局的有关规定,执行危险废物转移联单制度。

(六)不得随意丢弃、倾倒、堆放危险废物,不得将危险废物混入其他废物和生活垃圾中。

第十八条:实验室发生泄露或者扩散,造成或者可能造成严重环境污染或者生态破坏的,应当立即采取应急措施,通报可能受到危害的单位和居民,并向当地人民政府环境保护行政主管部门和有关部门报告,接受调查处理。

当地人民政府环境保护行政主管部门应当按照国家环境保护总局污染事故报告程序规定报告上级人民政府环境保护行政主管部门。

6.7　违背实验室生物安全管理要求的处罚

《中华人民共和国生物安全法》第九章法律责任涉及实验室利用部分,第七十六条:违反本法规定,从事病原微生物实验活动未在相应等级的实验室进行,或者高等级病原微生物实验室未经批准从事高致病性、疑似高致病性病原微生物实验活动的,由县级以上地方人民政府卫生健康、农业农村主管部门根据职责分工,责令停止违法行为,监督其将用于实验活动的病原微生物销毁或者送交保藏机构,给予警告;造成传染病传播、流行或者其他严重后果的,对法定代表人、主要负责人、直接负责的主管人员和其他直接责任人员依法给予撤职、开除处分。第七十八条:违反本法规定,有下列行为之一的,由县级以上人民政府有关部门根据职责分工,责令改正,没收违法所得,给予警告,可以并处十万元以上一百万元以下的罚款:(三)个人设立病原微生物实验室或者从事病原微生物实验活动;(四)未经实验室负责人批准进入高等级病原微生物实验室。

《病原微生物实验室生物安全管理条例》中,也列举了各种违背实验室生物安全管理情形及处理方法,其中主要包括:

第五十九条:违反本条例规定,在不符合相应生物安全要求的实验室从事病原微生物相关实验活动的,由县级以上地方人民政府卫生主管部门、兽医主管部门依照各自职责,责令停止有关活动,监督其将用于实验活动的病原微生物销毁或者送交保藏机构,并给予警告;造成传染病传播、流行或者其他严重后果的,由实验室的设立单位对主要负责人、直接负责的主管人员和其他直接责任人员,依法给予撤职、开除的处分;构成犯罪的,依法追究刑事责任。

第六十条:实验室有下列行为之一的,由县级以上地方人民政府卫生主管部门、兽医主管部门依照各自职责,责令限期改正,给予警告;逾期不改正的,由实验室的设立单位对主要负责人、直接负责的主管人员和其他直接责任人员,依法给予撤职、开除的处分;有许可证件的,并由原发证部门吊销有关许可证件:

（一）未依照规定在明显位置标示国务院卫生主管部门和兽医主管部门规定的生物危险标识和生物安全实验室级别标志的;

（二）未向原批准部门报告实验活动结果以及工作情况的;

（三）未依照规定采集病原微生物样本,或者对所采集样本的来源、采集过程和方法等未做详细记录的;

（四）未依照规定定期对工作人员进行培训,或者工作人员考核不合格允许其上岗,或者批准未采取防护措施的人员进入实验室的;

（五）实验室工作人员未遵守实验室生物安全技术规范和操作规程的;

（六）未依照规定建立或者保存实验档案的;

（七）未依照规定制定实验室感染应急处置预案并备案的。

第六十三条:有下列行为之一的,由实验室所在地的设区的市级以上地方人民政府卫生主管部门、兽医主管部门依照各自职责,责令有关单位立即停止违法活动,监督其将病原微生物销毁或者送交保藏机构;造成传染病传播、流行或者其他严重后果的,由其所在单位或者其上级主管部门对主要负责人、直接负责的主管人员和其他直接责任人员,依法给予撤职、开除的处分;有许可证件的,并由原发证部门吊销有关许可证件;构成犯罪的,依法追究刑事责任:

（一）实验室在相关实验活动结束后,未依照规定及时将病原微生物菌（毒）种和样本就地销毁或者送交保藏机构保管的;

（二）实验室使用新技术、新方法从事高致病性病原微生物相关实验活动未经国家病原微生物实验室生物安全专家委员会论证的；

（三）未经批准擅自从事在我国尚未发现或者已经宣布消灭的病原微生物相关实验活动的；

（四）在未经指定的专业实验室从事在我国尚未发现或者已经宣布消灭的病原微生物相关实验活动的；

（五）在同一个实验室的同一个独立安全区域内同时从事两种或者两种以上高致病性病原微生物的相关实验活动的。

《病原微生物实验室生物安全环境管理办法》第二十一条：违反本办法有关规定，有下列情形之一的，由县级以上人民政府环境保护行政主管部门责令限期改正，给予警告；逾期不改正的，处 1 000 元以下罚款：

（一）未建立实验室污染防治管理的规章制度，或者未设置专（兼）职人员的；

（二）未对产生的危险废物进行登记或者未保存登记资料的；

（三）未制定环境污染应急预案的。

6.8　微生物实验室消毒灭菌方法

消毒指杀灭或清除传播媒介上的病原微生物，使其达到无害化的处理；灭菌指杀灭或清除传播媒介上的一切微生物的处理（《消毒技术规范》，2002）。

对微生物实验室尤其是病原微生物实验室进行正确消毒灭菌是保障微生物实验室生物安全及对医疗废弃物实现无害化处理的必要措施。

6.8.1　皮肤消毒

脱掉污染的手套或者其他防护物，立即用含 75% 乙醇消毒液或碘酒的棉球擦拭，并且用大量清水冲洗至少 15 分钟。切不可用 84 消毒液，以免灼伤皮肤。

6.8.2　物体表面及地面灭菌

实验台及其他物体表面、地面，可用 75% 酒精或含氯消毒液（如 84 消毒液）消毒。如微生物菌悬液溢洒桌面或地面，首先用布或纸巾覆盖并吸收溢出物，然后往布或纸巾上倾倒适量的 1∶25 的 84 消毒剂并立即覆盖周围区域作用 30～60 min，将污染材料置于防漏、防穿漏的废弃物处理容器中。用于拖擦地面溢洒物的拖把也浸于 1∶100 的 84 消毒液中消毒 60 min。若使用含氯的消毒剂时，需要再使用 70% 的乙醇水将台面擦干净，以免造成对台面的腐蚀。

6.8.3　空气灭菌

常用方法为甲醛熏蒸法。该法具有杀菌谱广、使用方便、价格低廉等优点。消毒原理是使病原体蛋白质凝固、还原氨基酸、使蛋白质分子烷基化等。李研等人(2012)用北京克力爱尔实验室工程有限公司的F-50型甲醛熏蒸器(图6-4),按照15 mL/m³的福尔马林(37%甲醛)用量,将福尔马林和中和剂氨水分别加入甲醛发生器内相应的A和B槽。按照WHO《实验室生物安全手册》(第三版)要求,将实验室室内温度调节高于25 ℃,相对湿度在70%左右。确认实验室内无工作人员后,关闭消毒区域与外界相通的门窗,以及中央送风系统,遥控启动甲醛发生器进行熏蒸。熏蒸8 h以上、密闭24 h后,打开通风系统置换新鲜空气,直至闻不到刺鼻甲醛气味。消毒后利用普通平板培养基对实验室内空气沉降15 min采样,并置于37 ℃培养箱培养48 h后计数菌落数量,结果符合生物安全三级实验室的消毒灭菌要求。

图6-4　F-50型甲醛熏蒸器

因甲醛毒害作用较大,已有人用过氧化氢等代替甲醛熏蒸消毒。

6.8.4　含潜在感染性微生物的物品消毒

放入专用容器中,高压蒸汽灭菌消毒。灭菌时间的确定,应根据物品的规格、透气性、摆放紧密程度等因素确定。物品的规格越大,需要的时间越长;蒸汽越难穿透的物品,需要灭菌的时间越长;灭菌器内物品摆放越拥挤,需要的时间越长。多类物品同时灭菌时,以最难达到灭菌效果的物品的灭菌时间来确定高压灭菌时长。装载量不超过80%,物品疏松,易遗洒变形且生物负载较低的医疗废物(如琼脂、无菌检验用塑料培养罐等)使用灭菌袋敞口装载在多孔桶中,其他医疗废物(如玻璃培养瓶、试管等)装载在网筐中;运行121 ℃、30 min灭菌程序,可以达到彻底灭菌的效果。

为了监测灭菌效果,可使用压力蒸汽灭菌化学指示物和压力蒸汽灭菌生物指示剂。

压力蒸汽灭菌化学指示物有蒸汽灭菌指示胶带、蒸汽灭菌指示标签等。达到灭菌效果的标志是指示剂与标准黑色颜色相近。这类指示物产品不少,使用时要选择指示效果好的产品。卫生部对于化学指示胶带(标签)的鉴定检测依据主要有美国 ISO11140—12005 和中国 2002 年版《消毒技术规范》这两个标准。我国《消毒技术规范》鉴定标准更为严格。

压力蒸汽灭菌生物指示剂通常由嗜热芽孢杆菌和含有酸碱指示剂的培养基组成。灭菌程序结束待物品冷却后,用含有酸碱指示剂的培养基培养指示菌一段时间。如指示剂不变色(紫红色)说明灭菌成功,培养后未有活菌繁殖;指示剂变黄色说明灭菌不彻底,经培养有嗜热脂肪杆菌生长繁殖,分解培养液中的葡萄糖产酸,降低了 pH。

6.8.5 生物安全柜及超净工作台消毒

6.8.5.1 生物安全柜消毒

日常使用:使用前,用 70%的酒精或其他消毒剂全面擦拭安全柜内的工作平台;在每次实验结束时,应擦拭工作台面、四周以及玻璃的内外侧等部位来清除表面的污染。可以采用漂白剂溶液或 70%酒精进行擦拭消毒。在使用如漂白剂等腐蚀性消毒剂后,还必须用无菌水再次进行擦拭。

发生病原微生物溢洒时:如液体会通过格栅流到下面,应先将柜内所有的物品进行表面消毒后移出;确保排水阀被关闭后,将消毒液倒在工作台面上,使液体通过格栅流到排水盘内;还需对内部进行全面的消毒。对安装有紫外灯的生物安全柜,全面擦拭消毒后建议再紫外照射消毒 30～60 min。如要彻底消毒,可用甲醛蒸汽熏蒸法或过氧化氢熏蒸法消毒。

彻底熏蒸消毒还可在移动以及更换过滤器之前或者定期进行。

6.8.5.2 超净工作台消毒

日常使用:使用前,先分别用清洁剂和消毒剂(通常用 70%酒精)擦拭清洁消毒工作台,然后打开紫外灯照射消毒 30 min 后关闭紫外灯,开启送风机 20 min,排除臭氧;操作结束后,清理工作台面,收集各废弃物,关闭风机及照明开关,用清洁剂及消毒剂擦拭消毒。

发生病原微生物溢洒时及定期全面消毒:参照生物安全柜消毒。

参考文献:

中华人民共和国国务院.病原微生物实验室生物安全管理条例[J].中华人民共和国国务院公报.2005,(01):25-35.

中华人民共和国环境保护总局.病原微生物实验室生物安全环境管理办法[J].中华人民共和国国务院公报,2007(12):45-47.

蔡春燕,杨美琴,王似锦,马仕洪.药品微生物实验室医疗废物有效灭菌方式探讨[J].中国消毒学杂志,2021,38(12):887-889.

陈金龙,帖金凤,王长德.不同方法对压力蒸汽灭菌化学指示胶带鉴定结果的影响[J].中国消毒学杂志,2014,31(03):224-226.

崔妍,周秀娟,何守魁,史贤明.高校生物安全二级实验室管理的思考[J].中国卫生检验杂志,2022,32(11):1401-1403.

中华人民共和国农业部.动物病原微生物分类名录[J].中华人民共和国农业部公报,2005(07):4-5.

中华人民共和国农业部.动物病原微生物菌(毒)种保藏管理办法[J].中华人民共和国农业部公报,2008(12):4-6.

中华人民共和国农业部.高致病性动物病原微生物实验室生物安全管理审批办法[J].中华人民共和国农业部公报,2005(06):5-8.

GB 19489-2008,实验室生物安全通用要求[S].

GB 50346-2004,生物安全实验室建筑技术规范[S].

GB 50346-2011,生物安全实验室建筑技术规范[S].

新华社.积极推进《中华人民共和国传染病防治法》修订工作[J].中国卫生法制,2021,29(02):127.

江轶,黄开胜,艾德生,段蕾.高校非高等级病原微生物实验室生物安全管理研究[J].实验技术与管理,2018,35(09):253-257.

金子辰,王奕峰,吴立梦.微生物实验室生物安全[J].上海预防医学杂志,2007(02):91-93.

中华人民共和国卫生部.可感染人类的高致病性病原微生物菌(毒)种或样本运输管理规定[J].中华人民共和国卫生部公报,2006(02):1-6.

李研,陈省平,赖小敏,王聪,王娟,袁广卿,彭毅.生物安全三级实验室甲醛熏蒸消毒灭菌效果评价[J].中国医药生物技术,2012,7(06):463-465.

林敏,刘佳明,杜季梅.医学院校《微生物学》实验课的实验室安全管理初步探讨[J].中国微生态学杂志,2021,33(10):1213-1215+1219.

陆兵,李京京,程洪亮,黄培堂.我国生物安全实验室建设和管理现状[J].实验室研究与探索,2012,31(01):192-196.

NY/T 1948—2010,兽医实验室生物安全要求通则[S].

农业部关于进一步规范高致病性动物病原微生物实验活动审批工作的通知[EB].中华人民共和国农业部,2008-12-25.

中华人民共和国卫生部.人间传染的高致病性病原微生物实验室和实验活动生物安全审批管理办法[J].中华人民共和国卫生部公报.2006,(09):1-11.

中华人民共和国卫生部.人间传染的病原微生物菌(毒)种保藏机构管理办法[J].中华人民共

和国卫生部公报,2009(09):1 - 5.

宋宏涛,郭晓燕. 美国实验室生物安全管理与安保措施及其启示[J]. 实验室研究与探索,2012,31(02):158 - 163.

宋幼林,李晋华,严荣荣. 微生物实验室危险因素的管理与控制[J]. 中华医院感染学杂志,2011,21(13):2778 - 2779.

《兽医实验室生物安全管理规范》[EB]. 中华人民共和国农业部,2003 - 10 - 15.

World Health Organization. Laboratory biosafety manual[M]. World Health Organization,2004.

WS 233 - 2002,微生物和生物医学实验室生物安全通用准则[S].

中华人民共和国卫生部. 卫生部关于印发《人间传染的病原微生物名录》的通知[J]. 中华人民共和国卫生部公报,2006(02):32 - 52.

中华人民共和国卫生部. 卫生部关于印发《消毒技术规范》(2002 年版)的通知[EB]. 食品安全综合协调与卫生监督局,2006 - 02 - 09.

中华人民共和国传染病防治法[J]. 四川政报,1989(04):1 - 5.

中华人民共和国全国人民代表大会常务委员会. 中华人民共和国传染病防治法[J]. 中华人民共和国国务院公报,2004(31):4 - 15.

中华人民共和国全国人民代表大会常务委员会. 中华人民共和国传染病防治法[J]. 天津市人民代表大会常务委员会公报,2013(S1):137 - 149.

《实验动物与比较医学》编辑部.《中华人民共和国生物安全法》:病原微生物实验室生物安全[J]. 实验动物与比较医学,2022,42(02):94.

中华人民共和国全国人民代表大会常务委员会.《中华人民共和国固体废物污染环境防治法》[J]. 中华人民共和国全国人民代表大会常务委员会公报,2020,(02):414 - 430.

7 第七部分
生物野外实习安全

生物学野外实习是生命科学实践教学的重要环节,是一项多方面、多层次的综合教学活动。能够将课堂所学理论知识与实践相结合,与丰富多彩的自然内容相结合,巩固植物学、动物学、生态学的课堂教学效果,加深学生对课本知识的理解,拓宽和丰富相关知识;使学生掌握野外考察工具使用方法,了解野外工作和生存的基本方法;提高学生对自然的了解和认识,增进对自然的感情,提高热爱自然、珍爱生命、保护生态环境的意识,增强自然保护和可持续性发展的理念;还能够使学生在思想、精神和身体等方面得到充分锻炼和发展,培养学生综合素质。

但因野外环境地形复杂,气候多变,安全隐患较多,保障实习安全就成为保证野外实习顺利进行的前提条件。

7.1 野外实习安全保障原则及一般措施

野外实习安全保障原则是"预防为主"。

野外实习安全保障的一般措施可包括下面几个方面:

1. 选择适合的野外实习地点与线路。

实习基地选择原则:生物多样性丰富,食宿设施完善,交通便捷,具备医疗急救条件,实习线路安全成熟,历史上少有自然灾害等。如西天目山为近 30 所院校的野外实习基地,其设施完善性和安全性已经经过了多年的验证。

2. 充分了解野外实习安全风险来源并做好预案。

应对实习基地的环境、气候、有毒动植物等提前进行调研,对可能存在的安全隐患有针对性地制定应对预案。

3. 建立健全野外实习安全管理制度。

4. 合理搭建实习工作小组,明确小组成员职责。

野外实习必须成立临时的实习组织,有学校将实习组织分为实习领导组、业务指导组、财务后勤组、生活服务组等。

(1) 实习领导组:可设领队 1 名、副领队 1~2 名、女生指导 1 名。领队由有威望的教师担任,负责实习的组织、策划,实习期间的全面领导,是实习期间的第一责任人;副领队由业务指导教师兼任,具体负责实习各环节的落实,是实习期间的主要责任人,具体负责实习各环节的落实,是实习期间的主要责任人;女生指导负责呵护女生在实习期间的生活和安全。

(2) 业务指导组:由相关专业有野外工作经验的教师组成,负责实习前后、实习期间的专业指导和野外采样、观察时学生的安全防护。

（3）财务后勤组：组长由政治辅导员担任，或由业务指导教师兼任，负责实习经费的领取、管理，实习车辆的包租，常用药品、安全药品的购买与保管，实习期间各项经费的支付、结算等。

（4）生活服务组：组长由系行政人员担任，副组长 1～2 人，由学生干部担任，负责野外实习期间师生的饮食安排。各组在领队的统一领导下开展工作，既明确分工又相互配合，确保实习任务的圆满完成。

由具有丰富野外工作经验的教师充当实习专业老师，对有可能遇到的危险都可以预先提醒，化解可能发生的隐患。

政治辅导员除了负责财务后勤工作外，还可兼顾野外实习纪律管理，包括安全相关的实习纪律。

为保证师生的身体和饮食安全，野外实习最好配备随行医务人员，确保师生有病能及时治疗以及突发意外情况的送医。

5. 预先进行充分的野外实习安全培训。

在野外实习之前，专门安排针对师生的安全专题培训，强化安全教育，提高安全意识。

由辅导员讲解实习纪律及安全责任，强调野外实习过程中一切行动听指挥，并告诉学生实习过程中的纪律将作为考核的重要指标；由专业老师讲解专业相关的安全知识；邀请医护人员给师生培训常见野外应急救护、简易外伤的包扎、毒蜂毒虫咬伤的护理等知识，尽可能让学生了解到野外实习过程中可能会遇到的危险，绷紧安全之弦，掌握第一时间的自救本领并常备急救药物。

为了巩固培训效果，最好能进行实习相关安全知识考试，像考驾照一样，考核合格才允许参加实习；实习前给学生发放随身携带的安全管理手册并在实习中时常根据具体情况进行安全提醒。

6. 为参加实习的师生购买人身意外伤害保险。

7. 保持通讯畅通，及时沟通安全问题。

利用网络时代的各种快捷信息化交流平台（如 QQ、微信等），及时发布安全管理要求，进行安全提醒和问题沟通。

要求学生定时查看相关信息，并要求相关领导、老师、随队医生的手机 24 小时开机待命，确保第一时间掌握实习动态，并采取针对性措施。

8. 签订安全告知与责任书。

实习前由实习工作小组编写"安全告知与责任书"，告知师生实习过程中可能遇到的危险情况以及处理应对措施，并明确师生因自己违规行动导致安全事故所要承担的责任。

要求每个参与实习的人在"安全告知与责任书"上签名,督促学习实习相关安全知识,并在实习时严格遵守实习纪律和秩序。

9. 对学生进行分组管理。

设立适当规模的实习小组(4 人左右为宜),选出小组长和寝室长,明确学生班长、组长、室长的责任。实习活动以小组为单位进行,必须集体活动,不得私自行动,出发前后组长清点人数。就寝时由寝室长清点人数并汇报给班长,如有问题班长及时向负责纪律的带队老师反映。

10. 做好野外实习的应急预案。

当学生遇到突发安全事件时,要求学生第一时间报告指导老师,避免学生独自处理。当突发事件对师生的生命财产等构成威胁时,指导老师确认突发事件后若不能当场解决,在拨打急救电话的同时要迅速向学院、学校汇报,调动现有资源,整合团队力量处理危机。在现场施救过程中,学院老师应联系事故学生家长、校领导、学生处、学院共同商议应对措施。

7.2 野外实习主要安全风险来源与防范措施

7.2.1 交通安全风险及防范

野外实习需要租车前行,车况不好或司机野外行驶经验不足,都有遭遇交通安全的风险。

为保障交通安全,应重视租用车辆的资质和车况的安全审查,与租车公司签订合同,拟好实习期间的行车计划、车辆调度安排。

7.2.2 自然灾害风险及防范

野外实习常常安排在暑假前后,这时候属于夏季,气温高,易发生雷阵雨及暴雨、大风等,有遭遇雷击、洪水、滑坡、崩塌、泥石流、台风等自然风险。

在实习方案实施之前,指导教师应该广泛收集实习区域自然地理和自然灾害资料,研究该区域自然灾害的时空规律,咨询当地地质、气象等业务部门,及时获得有关预警信息,尽可能避免在自然灾害高发区域和多发时段进行野外实习活动,或者根据预警信息和气象、地质部门的灾害预报,在自然灾害发生之前的安全时间撤出不安全区域。

需密切关注每天的天气预报,遇恶劣天气时,要停止上山、出海。遇雷雨时不要在高处或树下避雨,以免遭雷击。如遇雷阵雨,衣服被淋湿,赶回基地后应尽快更换,如条件允许,立刻饮用姜糖水,以防感冒。

7.2.3　意外事故风险及防范

跌倒、割伤、失足、溺水等是野外实习最容易发生的意外事故,其他还有触电、遭遇山火等风险。

实习过程中因下雨潮湿、石头上长青苔、学生沿山路快速跑下、采集标本或观察时未注意脚下等容易滑倒或跌倒导致摔伤或扭伤;野外实习道路存在不确定性,如不注意,很容易发生失足风险,轻者致伤,重者致命。1997年,某高校学生在实习中游览庐山时因抄小路不慎掉下悬崖导致身亡;2004年,某重点大学本科生徐同学参加其学校组织的《生态学》天堂寨野外实习过程中,帮助同学拍摄风景时违规翻越护栏,选景时不断后退,踩到了水边青苔,滑落水中随瀑布坠下山崖摔在了瀑布底端的石头上,终因伤势过重抢救无效死亡。

裸露的身体组织如手容易被具有锋利叶片的植物(五节芒)、竹桩、尖锐的石头等割伤;采集蔷薇科的某些属植物时,如蔷薇属的金樱子、硕苞蔷薇等和悬钩子属的高粱泡、茅莓、红腺悬钩子等时,容易被其皮刺扎伤。

溺水主要发生于因夏季天气炎热,学生贪凉外出在不明情况的河流、湖泊、水库、海滩等游泳的情况。

因此,野外实习时尽可能做到"走路不观察,观察不走路",下山速度不要太快,在潮湿的地面及青苔上走路时要慢一点,以防滑倒/跌落等;穿长袖衣服,戴棉质手套,防划伤/刺伤;遵守纪律,不到标示危险的水域游泳,防溺水。

如只是轻度扭伤,可冰敷患处并施以压迫性包扎,抬高患肢;如属较严重的扭伤,则应送医治疗。对擦伤创面,可先用自来水、蒸馏水、冷开水或者盐水清洗伤口,以减少污秽物和细菌负荷,并改善患者的自身感受。清洗时要避免反复擦洗导致疼痛、出血,造成二次损伤。清洗后应尽快实施创面处理,以免污染。如创面较小,则清洁后贴上创可贴即可;如创面较大,清洗后应用消毒纱布或干净的衣物覆盖创面(尽可能不要贴在创面上),并尽快送医处理。

7.2.4　有毒有害生物风险及防范

学生在野外对植物进行认种和采集标本时,容易接触到有毒有害植物和动物,引起过敏、中毒等不良反应。

7.2.4.1　有毒有害植物风险及防范

有毒植物泛指对人或动物造成伤害的植物。其通常体内含生物碱、苷类、萜类、酚类及其衍生物等致毒成分,因饮食、接触等方式,可造成人或动物死亡,或某些组织、器官等暂时性乃至长期性伤害。有害植物则通常指带有皮刺、棘等，可引起人或动物物理性皮肤划伤的植物。

我国的有毒植物的种类很多，有记录并已发现的有毒植物达 1 300 多种，多集中分布于亚热带常绿阔叶林区和热带雨林区，特别是西南地区的云南、四川和华南地区的广西、广东及福建等省区。在植物类群上，既包括了低等的藻类、苔藓、蕨类、菌类，也涉及高等的种子植物，其中杜鹃花科、毛茛科、天南星科、大戟科、夹竹桃科和百合科中绝大多数成员具有不同程度的毒性。

按照主要致毒途径，有毒植物可分为接触性有毒植物和食入性有毒植物两大类。其中，接触性有毒植物是野外实习中最需防备的有毒植物，最好的办法是识别并避免皮肤接触。

接触性有毒植物主要指其汁液或毛等碰触到人或动物的皮肤，往往引发接触部位红肿、发痒甚至溃烂等过敏现象的植物。荨麻科、大戟科、漆树科等家族的许多成员均包含于此。华东五校（浙江大学、复旦大学、南京大学、南京农业大学、南京师范大学）联合实习的西天目山上就有野漆树、木蜡树和毛漆树藤等可引起部分人接触性过敏，导致皮肤红肿、奇痒，如抓破，则容易造成溃烂。荨麻科的有些植物，如浙江蝎子草、艾麻、珠芽、宽叶荨麻，其叶片和茎上均有螫毛，含有蚁酸、醋酸、酪酸、含氮的酸性物质和特殊的酶等。学生在采集标本或经过时如果不小心会碰到这些螫毛，就会引起皮肤如火烧般的疼痛，并发生红肿，如被抓破则容易溃烂和感染。

作为组织方，最好能预先调查实习样地的有毒植物资源，对需重点防范植物的识别特征、含毒成分及中毒症状等编目在册或建设成网上资源库；预先对学生普及识别有毒植物的基本常识，培养学生的自我保护意识；配备必要的防护装备以及枝剪等专业采集工具和紧急防毒药品及器具；建议穿着长袖衣裤和包脚的鞋，并常备抗过敏药。

一旦发生皮肤性接触，在处理时应注意以下几点：（1）在皮肤沾染到有毒汁液的第一时间内，迅速用肥皂和清水洗净；（2）不要用浸浴的方式来清洗有毒汁液，防止浸毒区域扩大化；（3）清洗所有可能接触过有毒汁液的衣物和首饰；（4）不要在患有皮疹的地方搔痒，用凉水淋浴；（5）可涂抹一些非处方的药膏，如炉甘石溶液或氢化可的松药膏；（6）不要在过敏处涂抹酒精，避免使瘙痒加剧；（7）水泡若有破裂，应best上一层消毒的薄纱布，以防感染。

除了接触风险，误食植物有毒果实或用接触过有毒植物后未彻底清洗的手拿取食物就餐也是有毒植物引起的安全风险来源。因此，实习时，条件允许情况下，尽量回到实习基地进餐，实在赶不回时可预先安排学生带好干粮、饮用水等；

实习过程中不要食用野生植物的茎、叶、花、果实等。接触过不明植物尤其是疑似有毒植物后一定要洗过手再拿取食物。

应特别警惕以下几类植物：毛茛科乌头属、天南星类及瑞香狼毒。它们均为北方常见的剧毒或大毒植物，误食小剂量的植物有毒部分即可产生毒副反应，并且中毒症状剧烈，通常会很快造成死亡或者对身体器官造成严重伤害。这几种有毒植物的种属特征分别描述如下：

（1）毛茛科乌头属植物：乌头属（Aconiutm）属于毛茛科翠雀族，分为露蕊乌头亚属（Subgen. Gymnaconitum）、牛扁亚属（Subgen. Lycoctonum）和乌头亚属（Subgen. Aconitum）。在我国种类多、分布广，有160多种，除海南岛外在中国台湾和大陆各省区都有分布，大多数分布在云南北部、四川西部和西藏东部的高山地带，其次在东北诸省也有不少种类。全株有毒，块根部毒性最大，成分主要为剧毒乌头碱。其外形美观，在高大直立的主干顶端有一总状花序，花有蓝色、紫色、白色、黄色、粉色等多种颜色，两侧对称，雄蕊多数，叶呈深绿色，常掌状3裂，边缘具锐齿。代表植物如北乌头（Aconitum kusnezoffii Rchb.）和牛扁（Aconitum barbatum var. puberulum）等。北乌头外形见图7-1，特点是：茎无毛，等距离生叶，通常分枝；茎下部叶有长柄，在开花时枯萎。茎中部叶有稍长柄

图7-1　北乌头叶和花的形态

（图片来自《中华药典》）

或短柄;叶片纸质或近革质,五角形,基部心形,3全裂,中央全裂片菱形,渐尖,近羽状分裂,小裂片披针形,侧全裂偏斜扇形,不等二深裂,表面疏被短曲毛,背面无毛;叶柄长为叶片的 1/3~2/3,无毛;顶生总状花序,9~22朵花,通常与其下的腋生花序形成圆锥花序,萼片蓝紫色,外面被有疏曲柔毛或几乎无毛,上萼片盔形或高盔形。牛扁外形见图 7-2,株高 55~90 cm,中下部被伸展的短柔

图 7-2 牛扁外形
(图片来自《中药图谱》)

毛,上部被反曲而紧贴的短毛,生 2~4 枚叶,在花序之下分枝。基生叶 2~4,与茎下部叶具长柄;叶片肾形或圆肾形,长 4.0~8.5 cm,宽 7~20 cm,三全裂,中央全裂片宽菱形,三深裂近中脉,末回小裂片狭披针形至线形,表面疏被短毛,背面被长柔毛;叶柄长 13~30 cm,被伸展的短柔毛,基部具鞘。顶生总状花序长 13~20 cm,具密集的花;轴及花梗密被紧贴的短柔毛;下部苞片狭线形,长 4.5~7.5 mm,中部的披针状钻形,长约 2.5 mm,上部的三角形,长 1.0~1.5 mm,被短柔毛;花梗直展,长 0.2~1.0 cm;小苞片生花梗中部附近,狭三角形,长 1.2~

1.5 mm;萼片黄色,外面密被短柔毛,上萼片圆筒形,高 1.3～1.7 cm,粗约 3.8 mm,直,下缘近直,长 1.0～1.2 cm;花瓣无毛,唇长约 2.5 mm,距比唇稍短,直或稍向后弯曲;花丝全缘,无毛或有短毛。

(2) 天南星科植物:天南星科植物计有 105 属约 3 500 余种,分布区跨越赤道带到寒温带的各个生态地带。代表植物天南星,全株有毒,外观见图 7-3,特点是:叶有柄长 40～80 cm,叶片呈鸟足状或放射状全裂,裂片 5～11 或更多,裂片披针形至椭圆形;5～7 月开花,花序的佛焰苞绿色,肉穗花序的附属器呈棒状等;果序圆柱形,柄下弯,浆果成熟红色;喜阴,生于山野阴湿处或丛林。

图 7-3　天南星叶外观
(图片来自:中国药典)

(3) 狼毒:为瑞香科狼毒属多年生草本,根、茎、叶均含有大毒,有"断肠草"之称。对眼、鼻、咽喉有强烈而持久的辛辣性刺激,进而引起呕吐、腹泻等症状,孕妇可致流产。外观见图 7-4,高 15～45 cm;根肥厚肉质,萝卜状;茎丛生,叶互生,叶片披针形至椭圆状披针形;头状花序顶生;花黄色、白色或淡红色;花被筒细瘦,顶端 5 裂;生于高山草地向阳处、丘陵和河滩。

图 7 - 4　狼毒外观

除了这几种,有以下特征的植物往往有毒:

(1) 外形奇特,茎、叶颜色艳丽,或含有特别臭味或香味;

(2) 茎、叶、根折断后有白乳浆或黄浆流出的植物可能有毒;

(3) 煮熟后汤水产生大量气泡的植物可能有毒。

防范误食有毒植物,需要做到两点:第一点,收敛好奇心,避免对不熟悉的植物进行品尝;第二点,野外采样后用手拿取食品前,一定要将手洗干净。如怀疑接触了有毒植物(如有白乳浆或黄浆流出的植物),建议尽早洗手。

一旦误食应在第一时间内阻止或减慢毒素吸收,尽快送医。可进行野外紧急催吐处理,即把手指伸进喉咙里,强迫呕吐,尽量使吃下去的有毒物全部吐出来,然后喝大量的水,用同样的方法强迫自己反复呕吐。如果中毒的人失去意识,则可让其侧卧,同时用同样的方法强迫其呕吐。最好保存呕吐物,便于医生做进一步检查。

7.2.4.2　有毒有害动物风险及防范

夏季是毒虫活动频繁的季节,野外实习被毒虫咬伤或刺伤的概率很高。毒虫种类有毒蛇、毒蜂、蜈蚣、蝎子等,不同种类毒虫咬伤或刺伤人后对人的损害类型和程度不完全相同,如有可能应区别对待处理。

1. 毒蛇伤人

在《2018 年中国蛇伤救治专家共识》中,对蛇伤及救治方法有详尽和专业的

描述,归纳总结如下:

我国有蛇类 210 多种,隶 9 科 66 属,其中毒蛇 60 余种,剧毒类 10 余种。蛇咬伤(snakebite)多发生在 4～10 月,热带、亚热带地区一年四季均可发生。蛇毒是自然界成分最复杂、最浓缩的天然高效价毒素之一,毒蛇咬伤对人的损害很严重,如不及时治疗往往是致命的。毒蛇主要经中空的大牙向被咬对象注入毒液,大牙由毒腺导管与位于上颌咬肌下方的毒囊相连,毒液是毒蛇捕获猎物和帮助其分解消化食物的透明或淡黄色黏稠液体,捕食时咬肌收缩挤压毒囊,毒液沿毒腺导管从大牙注入咬伤部位,经淋巴管和静脉系统吸收。每种蛇毒含有多种不同的毒性成分,有酶、多肽、糖蛋白和金属离子等,其中,毒性蛋白质达数十种,量占蛇毒总量的 90%～95%。蛇毒可对机体神经系统、血液系统、肌肉组织、循环系统、泌尿系统、内分泌系统、消化系统等产生损害作用。

判断是否为毒蛇咬伤,可从以下几个方面鉴别:

(1)牙印:毒蛇咬伤局部多见两颗较大呈"‥"(见 7-5 左)分布的毒牙咬痕,亦有呈"∶"形;除深而粗大的毒牙痕外,还可出现副毒牙痕迹。无毒蛇咬伤的牙痕比较浅而细小,个数较多,间距较密,呈锯齿状或弧形两排排列(见图 7-5 右)。

(2)伤口情况:毒蛇咬伤所致的伤口多有麻木或剧痛感,并逐渐加重;伤肢迅速肿胀,伤口出血,量不等,部分伤口出现水/血泡、瘀斑、溃疡和坏死;无毒蛇咬伤所致的伤口无麻木感、肿胀、出血和坏死等,仅表现为外伤样的少许疼痛,数分钟后疼痛逐渐减轻或彻底消失。但毒蛇中的金环蛇和银环蛇咬伤后无明显的伤口局部症状。

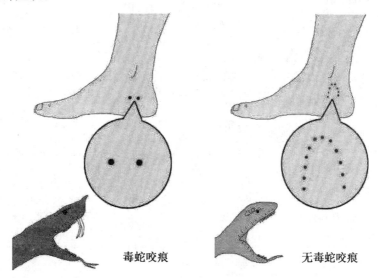

毒蛇咬痕　　　　　无毒蛇咬痕

图 7-5　蛇咬伤牙印(左:典型有毒蛇牙印;右:无毒蛇咬伤牙印)

表 7 - 1　常见各种毒蛇咬伤的鉴别

蛇伤种类	局部症状	全身症状	实验室检查
眼镜王蛇	先有痒或麻木感,后可伴轻度肿痛	一般在咬伤后数分钟至 4 h 左右出现全身中毒反应,胸闷、乏力、视物模糊、眼睑下垂、呼吸困难,甚至呼吸停止	白细胞升高、凝血功能正常、心电图表现为窦性心动过缓、束支传导阻滞
眼镜蛇	肿胀、疼痛、皮肤及软组织坏死	头晕、乏力、心悸、呼吸急促、心衰、MODS	白细胞升高、MODS 表现、凝血功能正常、心电图表现为窦性心动过速、心律不齐、ST-T 改变
金/银环蛇	伤口无红肿与疼痛,仅有微痒或轻微麻木感	一般在咬伤后 1～6 h 出现全身中毒反应,胸闷、乏力、视物模糊、眼睑下垂、呼吸困难、呼吸停止	凝血功能正常,肝、肾功能正常,心电图检查可有窦性心动过缓、束支传导阻滞
海蛇	伤口无红肿与疼痛,仅有微痒或轻微麻木感	一般在咬伤后 2～6 h 出现全身中毒反应,胸闷、乏力、视物模糊、眼睑下垂、呼吸困难、呼吸停止,可伴有头痛、肌痛	血钾升高、肌红蛋白尿、凝血功能正常,肝、肾功能异常,心电图表现为窦性心动过缓、束支传导阻滞
尖吻蝮蛇	持续剧烈灼痛、肿胀严重、伤口出血多、附近有较多较大的水/血泡。组织坏死和溃烂的范围大而且深	发病急、病情凶险。心悸、胸闷、视力模糊、全身散在性紫癜、尿少、皮下出血瘀斑、全身各部均可出血	Hb、PLT 减少,出血及凝血时间延长,血块收缩不良,蛋白尿、血尿,肝、肾功能异常,心电图检查可有窦性心动过速
蝮蛇	伤口有明显肿胀及刺痛,并逐渐加重,向外蔓延;常伴有皮下出血性瘀斑、伤口流血不止	一般伤后 1～6 h 出现全身中毒反应,视力模糊、复视,眼睑下垂、伤肢活动障碍,张口困难、颈强,全身肌肉酸痛,呼吸困难,尿少或尿闭,出现酱油样尿	白细胞增高、谷丙转氨酶升高、血钠降低、血钾升高、红细胞脆性增加、纤维蛋白原减少;尿检:隐血试验阳性、管型及蛋白尿;心电图检查可有窦性心律不齐、右束支传导阻滞
竹叶青	局部肿胀、伤口剧烈灼痛、伤口流血不止	皮下出血瘀斑、五官及内脏出血	红细胞及血红蛋白减少;尿检:有血尿;凝血时间延长,APTT、PT、TT 延长,Fig 减少,"3P"和 FDP 阳性

（续表）

蛇伤种类	局部症状	全身症状	实验室检查
烙铁头	局部肿胀、伤口剧烈灼痛、伤口流血不止	皮下出血瘀斑、五官及内脏出血	红细胞及血红蛋白减少；尿检：有血尿；凝血时间延长、APTT、PT、TT 延长，Fig 减少，"3P"和 FDP 阳性
蝰蛇	伤口剧烈灼痛，出血较多，肿胀扩展迅速，伤口附近有大量水血泡、瘀斑，组织坏死，溃烂严重	病情急、进展快、皮下及内脏、五官出血严重；早期血尿，严重者可出现溶血、贫血及黄疸；急性肾功能衰竭	红细胞、血红蛋白减少；血中胆红素、尿胆素增加；凝血时间延长，APTT、PT、TT 延长，Fig 减少，"3P"和 FDP 阳性

注：MODS 为多器官功能障碍综合征；APTT 为部分凝血活酶时间；PT 为凝血酶原时间；TT 为凝血酶时间；Fib 为纤维蛋白原；FDP 为纤维蛋白降解产物。

（来源：2018 年中国蛇伤救治专家共识）

蛇伤严重程度从临床表现可以初步判断。

（1）无中毒。仅有牙痕（"干"咬）。

（2）轻度中毒。仅有疼痛、瘀血、非进行性肿等局部表现。

（3）中度中毒。肿胀进行性发展，有全身症状或体征，和/或实验室结果异常。

（4）重度中毒。神经功能异常表现、呼吸窘迫、和/或血流动力学不稳定/休克等。

蛇咬伤救治总原则：迅速辨明是否为毒蛇咬伤，分类处理；对毒蛇咬伤应立即清除局部毒液，阻止毒素的继续吸收；拮抗或中和已吸收的毒素；根据蛇毒种类尽快使用相应的抗蛇毒血清；防治各种合并症。

现场急救：原则是迅速清除和破坏局部毒液，减缓毒液吸收，尽快送至医院。有条件时迅速负压吸出局部蛇毒，同时使用可破坏局部蛇毒的药物如胰蛋白酶、依地酸二钠（仅用于血液毒）进行伤口内注射，或 1/1 000 高锰酸钾溶液进行伤口内冲洗。总之，要尽量实施无伤害处理，避免无效的耗时性措施。不要等待症状发作再确定是否中毒，而应立即送医院急诊处理。主要急救措施：

（1）脱离：立即远离被蛇咬的地方，如蛇咬住不放，可用棍棒或其他工具促使其离开；在水中被蛇（如海蛇）咬伤应立即将受伤者移送到岸边或船上，以免发生淹溺。

（2）认蛇：尽量记录蛇的基本特征，如蛇形、蛇头、蛇体和颜色，有条件者拍摄蛇照片，避免裸手去捕捉或拾捡蛇，以免二次被咬。

（3）解压：去除受伤部位的各种受限物品，如戒指、手镯/脚链、手表、较紧的衣/裤袖、鞋子等，以免因后续的肿胀导致无法取出，加重局部伤害。

（4）镇定：尽量保持冷静，避免慌张、激动。

（5）制动：尽量全身完全制动，尤其受伤肢体，可用夹板固定伤肢以保持制动，伤口相对低位（保持在心脏水平以下），使用门板等担架替代物将伤者送至可转运的地方，并尽快送医疗机构诊治。

（6）包扎：绷带加压固定可用于金环蛇、银环蛇、眼镜蛇、蝮蛇等神经毒类毒蛇咬伤，但应避免压迫过紧、时间过长导致肢体因缺血而坏死。其他类型毒蛇咬伤采用加压垫法效果较好。

方法：用泡沫橡胶或织物折叠成约 5 cm×5 cm×3 cm 的垫片对咬伤处直接压迫。

（7）禁忌：除有效的负压吸毒和破坏局部蛇毒的措施外，避免迷信草药和其他未经证实或不安全的急救措施。

（8）呼救：呼叫 120，尽快将伤者送至医院。

（9）止痛：如有条件，可给予对乙酰氨基酚或阿片类口服止痛，避免饮酒止痛。

除了咬伤，有些毒蛇还可喷射毒液，如喷毒眼镜蛇（黑颈眼镜蛇）的蛇毒喷入眼睛，现场立即用大量清水、生理盐水或乳酸林格液冲洗，然后送医院就医。

2. 毒蜂刺伤

毒蜂主要有黄蜂、大黄蜂、土蜂等，尾部长有毒刺与毒腺相连，刺伤人后毒腺中的毒素通过毒刺注入人的皮肤，立即发生灼痛和奇痒，并很快红肿，刺伤处有小出血点或小水疙瘩。被少量蜂一次刺伤，一般无全身症状；被群蜂遍刺身体暴露部位，可产生大面积肿胀，组织坏死，严重的可能出现恶心无力、发热等全身症状。大黄蜂毒性较大，刺伤后可引起虚脱、昏迷、抽搐、心脏和呼吸麻痹等，如不及时抢救可造成死亡。

被蜂刺伤后，首先应迅速拔除刺入皮肉中的毒刺，再涂氨水止痛；也可将中草药鲜马齿苋、夏枯草、野菊花叶任选一种捣烂敷患处，红肿疼痛难忍者可用毛巾浸冷水敷患处；如感全身不适者，应去医院治疗。

3. 被蜈蚣刺伤

蜈蚣刺伤后会产生剧痛，刺伤处有两个小出血点，皮肤红肿，严重时局部皮肤可发生坏死，出现发烧、头痛、心悸心跳、脉搏细弱及抽风等全身性中毒症状。局部症状通常一两天即可消失，但常可继发淋巴管炎。

被蜈蚣刺伤后，可擦 10% 的氨水或 10% 的苏打水；中药雄黄、细辛粉末加水调敷患处,有止痛消肿效果。若皮肤发生坏死或全身中毒症状,要到医院诊治。

4. 被蝎子刺伤

蝎子栖居于阴暗潮湿环境,其后腹末节有锐利弯钩,与体内毒腺相通。蝎子毒刺刺入人体后,立即引起剧痛,迅速红肿,并伴发淋巴结炎,体弱者或儿童可能出现头痛、发热、恶心、呕吐、出冷汗、脉细弱等全身中毒症状,有的甚至发生抽风、呼吸麻痹而死亡。人被蝎子刺伤后,治疗方法可参照蜈蚣刺伤。

归纳起来,要防范被有毒有害动物咬伤、刺伤,主要做到两点:(1) 做好自我防护。进入丛林草地实习时,穿耐磨而宽松的长衣长裤,扎紧裤脚和袖口;不要出于好奇和好玩赤手触摸不明动物。(2) 惊走蛇虫。手持长棍,先"打草惊蛇(虫)",使蛇等毒虫逃离后再进行采样及观察。

万一被毒虫咬伤或刺伤,应沉着应对,先根据情况进行现场紧急处理,如被蛇咬伤或其他毒虫刺伤后局部症状严重或有全身症状,应及时打 120 求救。

7.2.5 食物中毒风险及防范

食物中毒指健康人吃了正常数量的被污染的或有毒的可食状态的食品后所发生的急性疾病。特点:

(1) 突然发生,来势凶猛,潜伏期短。

(2) 所有病人都具有相同的症状或病状基本相似。

(3) 发病人在相近的时间内吃过同样的食物。

(4) 人与人之间没有直接传染性。

野外实习可能发生的食物中毒类型主要有三种:细菌性食物中毒、有毒化学物质中毒和有毒动植物中毒。

细菌性食物中毒是人们吃了含有大量活细菌或细菌毒素的食物而引起的,是食物中毒中最普遍的常见疾病,几乎占食物中毒病例总数的 90%,主要发生在气温较高的夏秋季节。引起细菌性食物中毒的细菌及毒素主要有沙门氏菌、副溶血性弧菌、葡萄球菌、蜡样芽孢杆菌、肉毒杆菌等。来源食品主要是动物性食品中的肉类、鱼类、奶类和蛋类,植物性食物中的剩饭、豆制品、面类发酵食品、糯米凉糕等。一般沙门氏菌食物中毒多发生于肉蛋类,而蜡样芽孢杆菌食物中毒多发生于含淀粉多的粮食类。因野外实习一般安排在暑假期间,正值高温季节,食物中微生物繁殖快,食物容易变质,很易引起细菌性食物中毒,出现呕吐、腹泻等症状。需要与基地食堂协商好,保证提供新鲜的食材,做好的饭菜不宜放置太久。如实习队伍不能及时赶回来就餐,应提前和食堂工作人员协商好延后就餐的时间。

　　有毒化学物质引起的食物中毒主要是误食刚喷过农药而没有彻底洗净、去皮的水果蔬菜引起的。因此，不可在野外随便采食蔬菜水果，市场上购买的蔬菜水果也需要反复清洗干净，水果去皮后再食用。在野外时，还需要注意饮水安全，离开基地时最好携带商品饮水或基地烧开的水，不随便饮用来历不明的地表水。

　　有毒植物引起的食物中毒：有些有毒植物外观与无毒品种相似，易混淆误食或食用方法不当引起中毒。常见的有：

　　（1）毒蕈类植物。蝇蕈、瓢蕈、鬼笔蕈等，含有蕈毒碱、毒蕈毒素、毒蕈溶血素等有毒物质，食用可以起肝肾损伤，胃肠及神经系统功能紊乱。

　　（2）灰菜等含卟啉类物质的植物。灰菜中含有较多卟啉类物质，后者对光敏感，可引起食用者出现紫外线过敏性皮炎，也称为植物日光性皮炎。野苋菜、洋槐花、柳树芽、野苜蓿、臭椿等也含有这类毒性物质。因此，如果食用要先焯水，再用冷水浸泡换水几次。

　　（3）发芽马铃薯。发芽马铃薯中会出现龙葵素生物碱，食用后轻者引起胃肠道功能紊乱，重者导致中枢神经麻痹死亡。因此，一般不要食用变色发芽土豆。

　　（4）含氰甙的果仁。木薯、苦瓠子和杏、桃、李、梅、枇杷、樱桃、苹果等果仁中含氰甙，食用后经胃肠道水解出氢氰酸，氰离子与细胞色素氧化酶结合，可造成组织缺氧，因呼吸困难窒息死亡。一般不可食用。

　　（5）四季豆、刀豆等。四季豆、刀豆等豆科蔬菜中含有的皂素，对消化道黏膜有刺激作用，也能破坏红细胞。如食用未完全煮熟的这类蔬菜，则引起中毒。表现为头晕、不同程度的呕吐、恶心、腹痛、乏力等症状。因此，如发现这类蔬菜未完全烹饪熟（有生豆子味）就不要食用。

　　（6）鲜黄花菜。黄花菜系百合科植物，花和根均含有秋水仙碱且含量较高，在人体内被氧化成为有毒性的二秋水仙碱。有毒成分在胃肠道迅速吸收，可引起恶心、呕吐、头晕、头痛、腹痛及水电解质平衡失调，严重者可引起血尿、尿闭、粒细胞缺乏症、血小板减少和再生障碍性贫血，脱发、抽搐、重症肌无力，甚至可致呼吸抑制及多脏器功能衰竭等。

　　秋水仙碱溶于水，加热后易分解，在鲜黄花菜中含量高、干黄花菜中含量较少。食用鲜黄花菜时，应先用清水浸泡超过 30 分钟，再煮熟方可食用。如中毒，治疗的关键是补液，纠正水电解质紊乱，同时给予洗胃，导泻，利尿，及时对症治疗。

　　有毒动物引起的食物中毒：如食用河豚中毒和食用死亡腐败的水产类动物。

河豚在我国沿海和长江中下游分布很广,鱼肉鲜美无毒,但卵巢、鱼卵、肝脏、皮肤、血液等含有剧毒的河豚毒素、河豚酸,如加工不当食用可使人中毒,很快发病死亡。河豚毒素经一般加热烹调不能被破坏,120 ℃加热 20~60 min 才可破坏。因此,如要食用,必须去掉鱼头、血液、剥去鱼皮并反复漂洗鱼肉后才可食用。

有些水产品如甲鱼、虾、蟹、鳝鱼、鲐鱼、鲤鱼、金枪鱼死亡后,其肉中的组胺酸在弱酸性环境下经细菌作用迅速分解产生组胺和类组胺物质,积蓄超过人体中毒量时,食用后可引起过敏性中毒。因此,最好不要食用死亡的甲鱼、虾、蟹,以免发生意外。如有过敏症状,口服盐酸苯海拉明(Diphenhydramine Hydrochloride)或扑尔敏(Chlorpheniramine)以及大量 VC 可恢复,预后良好。

如遇食物中毒,必须尽快对病人进行抢救,不管症状轻重都要争分夺秒,在毒物性质明确确定之前不要等待明确诊断,只要符合食物中毒的特点就应该进行一般急救处理,处理原则如下:

(1)尽快排除未被吸收毒物。必须在 1 小时内进行催吐刺激咽部、口服催吐剂、洗胃、导泻、灌肠。

(2)阻止毒物被吸收。采用解毒剂,如豆浆,蛋清、牛奶等能与汞、砷等重金属形成蛋白质沉淀,也有中和酸碱的能力,并能保护胃黏膜,粘附毒素,起到延缓吸收作用。

(3)促进毒物迅速排泄分解。静脉点滴,口服大量液体是有效的办法。

(4)送医。发生食物中毒后在施行紧急临时一般急救后,及时送往医院救护,确保人员生命安全。

7.2.6　疾病风险及防治

暑期野外实习容易得中暑、腹泻、感冒等疾病。

7.2.6.1　中暑及防治

中暑是指体温由于失控或调节障碍,超过了体温调定点水平的一种病理性体温升高过程,是热应激症候群的总称或俗称。轻者表现为大汗、口渴、头晕、恶心、乏力、注意力不集中;体温 37.3~38.5 ℃,心率 95~106 次/min,血压 108~125/70~80 mmHg。中度中暑表现为大汗、头晕、心悸、面色苍白、发热,体温 39.4 ℃,脉搏细弱,心率 123 次/min,血压 96/58 mmHg,意识清醒,无抽搐、呕吐、大小便失禁。重度中暑也称为"热射病",机体核心温度迅速升高,超过 40 ℃,伴有皮肤灼热、意识障碍(如谵妄、惊厥、昏迷)等多器官系统损伤的严重临床综合征。

中暑对机体有广泛的损伤作用,可累及很多器官系统,导致功能和形态学上的改变,如得不到及时妥善的救治,还有可能导致死亡。

野外实习中以轻度中暑多见,少数人会发生中毒中暑。

预防中暑的措施有:

(1) 安排相对适宜的野外采样、观察时间。尽量不在温度高、光照强的中午时间进行野外实习。

(2) 实习期间多吃香蕉等水果和含电解质的饮料,补充钾离子的流失。

(3) 预防性用药。高温天气进入野外高温环境前预防性口服藿香正气水、十滴水或仁丹等防暑药品。每人可随身携带1~2次用量的防暑药品备用,出现头晕等不适症状时及时服用。

如发生中暑,应区分程度迅速做出应急处理。

(1) 对于轻度中暑者,可予阴凉通风处或空调车内休息,用大量凉水持续浇洒头部和躯干以降温,给予口服补液盐溶液补液,用藿香正气水、仁丹等防暑药对症处理。在 30 min 内分次给予口服补液盐 500~1 000 mL。

(2) 对于中度中暑体温较高者,除了用大量凉水持续浇洒头部和躯干降温外,同时使用冰袋置于双侧颈部、腹股沟、腋下等大血管处进行降温,给予口服补液盐溶液补液,口服藿香正气水、仁丹等防暑药物后送就近医院,进行补液及对症支持治疗。如有条件,实时监测体温、脉搏、心率和血压。

7.2.6.2 腹泻及防治

细菌性食物中毒是实习期间发生腹泻的主要原因,其他引起腹泻的原因还有中暑、食物过敏等。

细菌性食物中毒主要与食物和饮料中的致病菌有关。夏季环境温度高,接近多数细菌适宜生长温度,含水分大的熟食和打开的含糖饮料,若在室温中放置时间稍长,其中的细菌即可大量繁殖;此外,在夏季,人体因高热失水较多,大量饮水及饮料导致胃酸被稀释,抵抗病原体入侵的能力显著下降,罹患消化道感染性疾病的机会大大增加。这种情况下,食用被细菌污染的食物和饮料后即有可能引起腹泻等细菌性食物中毒症状。常见表现有:突然出现次数不等的腹泻,稀便、水样便或脓血便,常伴有难以忍受的腹痛、恶心、呕吐,有些还会出现高热、脱水,严重者甚至因水电解质紊乱、感染中毒性休克或脱水性休克而危及生命。

引发细菌性腹泻主要致病菌为副溶血弧菌、沙门氏菌及致泻大肠埃希氏菌,诺氟沙星、左氧氟沙星等抗生素治疗可快速缓解症状,效果显著。实习时可随身携带这些抗生素。因腹泻导致的最大危险是丢失水分和电解质(包括钾、钠、钙、磷、锌等),严重时导致休克死亡。预防这一危险最有效、最重要的方法是口服补液盐。口服补液盐是葡萄糖和多种无机盐的混合物,适用于绝大多数腹泻,甚至在腹泻很严重时,其也可在小肠被吸收,补充随粪便丢失的水分和电解质,减少患者的呕吐次数和排便量。

预防细菌性腹泻主要是防止病从口入。不吃室温放置过久的饭菜,出野外时间如果偏长,携带少量含水分少的食物(如饼干);打开的含糖饮料要尽快喝完。

7.2.6.3　感冒及防治

野外淋雨或不当使用空调等导致全身或局部受凉、抵抗力下降,易引发感冒,出现头痛怕冷、鼻流清涕、咳嗽咽干的症状。

可服用感冒清热颗粒、风寒感冒颗粒等药性温和、适宜风寒感冒的药物。

总之,因野外实习基地远离市区,往往不能及时就医,随队后勤人员需备好药箱和常用药物,熟悉当地医院地址和急救电话。如有条件,实习队伍最好能配备随队医生。

7.2.7　掉队迷路风险及防范

天气原因或因地形不熟、疲劳、脚步不慎扭伤等,容易出现个别学生掉队迷路现象。

防范措施:

(1)实习教师要提前仔细勘探、熟悉实习线路,并在实习前交代给学生。

(2)学生应按规定路线走,不可随意开辟新线路。

(3)每个学生随身携带通信工具并保持畅通。

(4)整个队伍要有人负责跟后。

(5)为了确保及时发现走偏掉队的学生,应按学生分组定时清点人数。

(6)组内要互相帮助,互相监督,不能让自己组的同学掉队。

(7)每组组长最好携带外伤应急药品及包扎用品,以备有同学轻伤时用。

(8)负责跟后的老师或同学应负责照顾受伤和掉队的同学。

7.2.8　火灾风险及防范

生物学野外实习往往在林草丰富之地,加之夏季高温,如遇明火,极有可能引燃山火,导致财产损失和人身损害。

防范措施:

(1)不向野外扔未完全熄灭的烟头。

(2)不在林间草地烧烤和进行篝火晚会等。

参考文献：

陈旭,周欣.中暑防治研究进展[J].中国药业,2011,20(16):91-93.

陈红英,陈笑霞,张平,伍俭儿,陈旭凌.浅谈生物学野外实习的安全管理[J].实验室科学,2018,21(06):203-205.

程建川,邱文教,王潇婷,王晓春,王昊鹏.野外实践教学中安全保障体系的探索与构建——以国内交通土建类课程实践为例[J].中国大学教学,2016(09):81-86.

丁爱政.培养大学生野外实习安全自律和自护意识[J].地质勘探安全,1997(02):42-43+46.

樊东昌,穆赢通,贾俊英,吕丽娟,张晓明.乌头属药用植物叶绿体基因组密码子特征和系统发育分析.分子植物育种,2022-07-12 09:18:49.

郭光普,陈士超,李珊,祝建,何俊民,桂鑫.生物学野外实习的组织和实施[J].高校生物学教学研究(电子版),2013,3(04):36-40.

国家卫生健康委.常见动物致伤诊疗规范(2021年版)

黄丽红,孙骏威,林芳,余晓霞,徐爱春.生物学野外实习中安全工作的保障[J].教育教学论坛,2013(27):123-124.

江文正,李宏庆,何祝清.生物科学专业动物学、植物学野外实习课程的建设与思考[J].高校生物学教学研究(电子版),2020,10(06):9-12.

李伟,杨雨玲,王德青,吕顺清.生物类专业野外实习探索——以黄山学院为例[J].黄山学院学报,2020,22(03):107-110.

李萍,罗红霞,吴坚,袁艺,彭雪林.生物学野外教学实习的问题分析与改革思路[J].安徽农业科学,2017,45(28):257-258.

李霞,万利勤,殷志强,安永龙,鲁青原,丁一.狼毒:坝上高原的美艳毒草.自然资源科普与文化.2021,(04):24-26.

刘成柏,许月,李全顺,韩璐,邢述,关树文.基于生物学野外综合实习的"拔尖人才"科研素质培养[J].实验技术与管理,2017,34(09):12-15.

全军热射病防治专家组,全军重症医学专业委员会.中国热射病诊断与治疗专家共识[J].解放军医学杂志,2019,44(03):181-196.

史兴民,高淑莉.高校野外实习的安全性研究[J].高等理科教育,2008(01):77-79.

孙晓芳,谢挺.创面是否可以用水清洗?[J]创伤外科杂志,2016,18(03):134.

孙悦燕,韩有志,郭跃东,白晋华,杨三红.生态学专业野外课程综合实习管理模式探讨——以山西农业大学为例[J].安徽农学通报,2016,22(01):100-104.

童亿勤.野外实习安全问题探讨[J].实验室科学,2008(02):159-160.

王国强,蒋德安,乔守怡,傅承新,丁平,于明坚.生物学野外实习的探索与实践[J].中国大学教学,2010(06):81-82.

徐姗,董必焰.华北地区部分乌头属植物资源调查.江苏农业科学.2009,(06):421-425.

许国权,段海生,董元火,周世力.动物学野外实习中培养学生科研素质的实践与探索[J].实验技术与管理,2020,37(03):179-181.

杨宗岐,程霞英,吕洪飞,陈海敏,姜永厚,王江,梁宗锁.关于植物学野外实习的几点思考[J].实验室科学,2015,18(05):187-189.

闫路娜.野外实习应警惕植物"杀手"[J].生物学通报,2012,47(04):4-6.

周波,孟雷,许会敏,张华,刘朝辉,王宝青.生物学野外实习课程建设与课程思政实践[J].高校生物学教学研究(电子版),2021,11(06):3-6.

赵海鹏,谷艳芳,肖保林.高等学校生物科学专业动物学野外实习实践与探索[J].生物学通报,2019,54(03):25-27.